U0076440

察覺力

Awareness

生意興隆店家的不敗祕密！

松下雅憲──著
王美娟──譯

前言

上司：「你知道業績進步的店長與業績退步的店長，兩者的決定性差異是什麼嗎？」

我　：「幹勁、知識或經驗……不對，是領導能力嗎？」

上司：「這的確也有影響，不過我問的是更根本的差異！」

我　：「嗯～是什麼呢？……我不知道。請告訴我答案。」

上司：「那就是『察覺力』！有無察覺力，會影響你的知識與經驗，甚至是領導能力。未來你能否成長為生意興隆店的店長……取決於你是否培養了『察覺力』，以及能否提升這股能力。」

距今三十幾年前，我被任命為福岡市郊外某間麥當勞的店長。當時，上司對我說了這番話。

「察覺力」……當時，麥當勞內部稱這種能力為「awareness」，直譯就是「察覺力」。說得更詳細一點，這種能力即是「隨時都會細心留意，察覺問題或機會的徵兆」。

不只麥當勞如此，所有的企業都會要求店長，提升其負責店鋪的業績，繼而增加利潤。

因此，店長們拚了命地努力工作，以達成公司的期待。

但是，只靠努力、只是拚了命地工作，業績依然不會進步成長。若要提升業績，就得「察覺」「四個原因」。

這四個原因分別是：

「生意清淡的店，沒顧客上門的真正原因」
「生意興隆的店，顧客蜂擁而至的真正原因」
「生意清淡的店，店員很快就辭職的真正原因」
「生意興隆的店，店員工作得很快樂的真正原因」

只要店長察覺這四個原因，並且加以運用或是改善，業績一定會進步成長。若從顧客、店員或上司的角度來看，這些都是非常單純又簡單，而且理所當然的事。但奇怪的是，身為當事者的店長卻很難察覺這些原因。不知為何，一旦站在店長的立場，就會看不見那些理當要注意到的事。

例如，傍晚太陽已經下山，天色也變暗了，招牌卻沒點亮……

例如，沒察覺桌上的冰水已經喝完了……

例如，工作時看起來精神奕奕的店員突然說要辭職……

假如自己是顧客、店員或上司，通常都會注意到這種事，可是一站在店長的立場就不會察覺。

如果率先察覺這些狀況，並且採取對策，或許就不會失去重要的顧客或店員。

我之所以想寫一本關於「察覺力」的書，是因為三十幾年來見過幾千名店長的我發覺，「能夠打造生意興隆店的店長，全都具備強大的『察覺力』」。

此外也認為，如果沒培養這項能力，無論學了什麼集客策略都沒辦法靈活運用。

我會透過本書傳授各位，生意興隆店的店長們平時發揮與鍛鍊「察覺力」的方法。

是的，就像我升遷為店長時，上司對我的教導那樣。

期盼你讀了這本書習得「察覺力」後，能夠打造出店員與顧客皆滿面笑容的店。

松下雅憲

二〇二〇年五月

「察覺力」：生意興隆店家的不敗祕密！ 目錄

第2章 主動找出「察覺點」……別靠偶然，要刻意「察覺」

第6章

鍛鍊「察覺力」……「察覺力」隨時隨地都可以鍛鍊

第7章

一旦察覺就要行動……嚴禁察覺卻置之不理

開場白

二〇二〇年春天，由於新冠病毒在全球爆發大流行，日本政府不僅呼籲民眾減少外出，某些地區更宣布進入緊急狀態，餐飲業與其他大多數的「店家」，只好縮短營業時間或暫時停業，因而面臨前所未有的存亡危機。

這本《「察覺力」：生意興隆店家的不敗祕密！》，是在眾多店家陷入這樣的危機，卻依舊看不到終點，只能繼續咬牙苦撐的四月下旬進行最終校稿（但願各位拿到本書時，疫情已稍稍緩和下來……）。

不過，放心吧！從前那個光明的社會一定會再回來的。

話雖如此，受到如此強烈的刺激，社會勢必會產生某些變化。

當中一定有「消失不見的東西」吧。

可是，有些事物卻是「不能消失的東西」。

那就是「**實體店面的舒適體驗**」。

以及「**還想再來這家店的體驗**」。

此時此刻，也有店長跟你一樣，為了盡可能恢復從前的熱鬧榮景而努力。

希望你能夠認真培養，達成這個目標所需的「察覺力」。

新冠病毒疫情造成的強烈刺激，不只影響店家，也為「顧客」帶來很大的改變。

「對店家的期待」與**「挑選店家的眼光」**之標準一定會隨之提高吧。

他們只會選擇能夠消除「不安與不滿」，並且「符合期待」的店。

當然，之前顧客就是如此。

不過，這個標準今後肯定會變得更加嚴格。

因此你必須進一步提升店鋪的營運水準才行。

而提升水準的關鍵就是「察覺力」。

那麼，讓我們快點進入正題吧！

第1章

「懂得察覺的店長」與「不懂得察覺的店長」的差別！

生意興隆店店長平時所注意的五個「察覺的目標」

❶ 那家生意興隆的店，為什麼顧客總是絡繹不絕呢？
——向生意興隆的店學習生意興隆的原因

「那家店總是門庭若市耶。這是為什麼呢？」

「餐飲業」每天都上演激烈的競爭。生意清淡的店門可羅雀，遲早得面臨關門大吉的窘境吧。

不過，當中也有連隻麻雀都捕不到，總是大排長龍、高朋滿座、生意興隆的店。世上的餐飲店，並不是全都有麻雀可以捕的。

當然，這種情況並非只發生在餐飲業。在我居住的東京吉祥寺，就有許多店家提供相同的商品、相同的服務。例如便利商店、眼鏡行、國術館、美容院等等，這類店家的競爭也很激烈。而且，他們同樣有門可羅雀的店與門庭若市的店之分。

兩者究竟有什麼不同呢？

生意興隆的店一定有「生意興隆的原因」，生意清淡的店也一定有「生意清淡的原因」。

此外，生意興隆的店還擁有**具備「察覺力」的店長**，能夠察覺「生意興隆的原因」。這是兩者的一大差異。

具備「察覺力」的店長也有著「察覺的目標」。他們看到生意興隆的店時，不會單純覺得「生意真好啊～」，一定會去找出「生意興隆的原因」。

因為他們有著這樣的目標：找出「生意興隆的原因」，然後「立刻應用在自家店鋪上，讓自家生意變得更好」。

舉例來說，前陣子我跟管理生意興隆店的店長朋友，一起考察某家鬆餅專賣店時，發生了這樣的事。

這家店位於吉祥寺，自二〇一三年六月開幕以來始終大排長龍。

剛開幕時之所以生意很好，要拜「美國名店首度在日本展店」，以及「搭上鬆餅熱潮」這兩個因素之賜吧。但是，光靠熱潮是無法長久維持好業績的。這家店的生意一直都很好，應該有其他原因才對。最後同行的朋友察覺，那個原因就是「藉由『介紹獨門餐點』與『積極的對話』，縮短與顧客之間的距離」。那麼，我的朋友是怎麼察覺這個原因的呢？

這家店的顧客，大多會點「獨門荷蘭寶貝鬆餅」。這道鬆餅確實很好吃，怪不得那麼受歡迎。不過，不光是鬆餅本身好吃。店員把鬆餅送到桌上時，還會當場幫顧客塗抹奶油，並且笑容滿面地說明這項商品。

當我們吃完後，前來收走餐具的店員面帶笑容詢問：「請問味道還可以嗎？」結帳時，收銀員問我們：「請問兩位之前就來過本店嗎？」我們回答：「不，今天是第一次來吃。」對方聽了便說：「感謝兩位在雨天光臨本店。今後也請多多關照。」這些對話讓人很有好感。

這樣的好感與餐點的美味，讓我不由得面帶笑容回答：「我會再來的。」

這個時候，一旁的店長朋友則迅速將我們的對話記錄下來，並且開始研究該如何說明自家的推薦餐點，以及該跟用完餐的顧客說什麼話。

具備「察覺力」的店長都會像這個樣子，應用自己的體驗讓自家店鋪更上一層樓。由於「察覺的目標」很明確，他們才會「察覺」。

❷顧客是出於什麼原因才光顧你的店呢？——請顧客指點迷津

「你知道『顧客為什麼會光顧你的店』嗎？」

主持培訓時，我常會問來上課的店長們這個問題。

然後，店長們便會回答「因為離車站很近」、「因為有集點卡」、「因為比附近的競爭對手便宜一點」等等原因。這些也算正確答案吧。

不過，當中有位生意興隆店的店長，他的答案很與眾不同。

他詳細且具體地回答：「顧客很喜歡午餐時段的飲料沙拉自助吧。而且，沙拉吧提供的毛豆更是贏得顧客歡心的關鍵。另外，店內設有兒童遊戲區，方便顧客帶年幼的孩子前來用餐，這點似乎是本店受主婦們歡迎的決定性因素。」

那麼，為什麼他能回答得如此詳細且具體呢？

答案很簡單。

因為，他會請教顧客「來店原因」與「決定來店的關鍵因素」。

例如，他會這麼問：

「您喜歡沙拉嗎？請儘管吃，不要客氣。沙拉當中您最喜歡吃的東西是什麼呢？」

聽到他這麼問，顧客就會忍不住回答「毛豆」或「玉米」。

而且，有時顧客還會接著回答來店的原因，例如「因為，其他餐廳大多不會提供『毛豆』。我很喜歡吃呢」。

除此之外，他還會提醒顧客「小朋友好活潑喔。本店也有提供兒童用的餐具，請慢慢享用」。

年輕媽媽聽了，便會給予「你們店裡有給小孩子玩耍的空間，真是幫了我大忙～」

之類的回答。

只要店員或店長面帶笑容輕鬆地搭話，顧客絕對有問必答。用不著像問卷調查或訪談那樣提問，只要每次都輕輕鬆鬆地與顧客對話，之後就算是有點深入的問題，顧客也願意回答。

生意興隆店的店長知道，「請教顧客從而察覺」，能夠掌握到讓自家店鋪生意興隆的祕訣。所以，他們才會察覺原因。

❸ 那家生意清淡的店，為什麼沒有顧客上門呢？——見不賢而內自省

「那家店總是冷冷清清的……為什麼呢？」

生意興隆店的店長，並不是只會觀察生意興隆的店。他們也會關注「生意清淡的店沒有顧客上門的原因」，並且努力發掘出那個原因。就像生意興隆的店有「生意興隆的原因」，生意清淡的店也有「生意清淡的原因」。

生意清淡的店當中，有些是位置本來就很差，沒人注意到這家店，最後無聲無息地

歇業。但是，也有些店是剛開幕時生意非常好，後來顧客卻越來越少，最後只好把店收起來。

已經歇業的店就沒辦法觀察了，不過我們可以觀察仍在營業的生意清淡店。

生意興隆店的店長，會為了「獲得察覺」而觀察生意清淡的店。

地段如何？商品的滋味怎麼樣？待客服務好不好？商品價格貴不貴？做了什麼促銷活動？他們會以上述的觀點，找出生意清淡的店「沒有顧客上門的原因」。

舉例來說，某天的午餐時間，我跟某位生意興隆店店長來到東京三鷹站附近的煎餃專賣店。他開口第一句話就說：「這家店是吉祥寺那家名店吧。我都不知道，原來這個地方也有他們的分店。」然後，他慢條斯理地拿出記事本，寫下這樣的內容。

「就算是名店的分店，還是有人不知道它的存在。」

「所以，如果店開在二等地段就要設法提高知名度。」

這家分店雖然離三鷹站很近，但地點卻位在大馬路後面的第一條巷子內，某間已歇業的柏青哥店一樓。位在吉祥寺的總店生意很好，每天都大排長龍。煎餃當然也相當美味可口。不過，三鷹分店這一帶的客層跟吉祥寺不同，更何況還開在沒什麼人會經過的地方，沒人知道這家分店也是很正常的。可是，這家分店不但沒向民宅投遞摺頁傳單，似乎也鮮少進行宣傳活動，例如發傳單給在附近工作的商務人士。

那位生意興隆店的店長，觀察完生意清淡的店就立刻寫下筆記，以免自己的店也面臨同樣的狀況。就是因為他覺得生意清淡的店也有值得借鑑之處，才能察覺這些重點。

順帶一提，這家煎餃專賣店已在二〇一五年年底歇業。真令人遺憾。

❹顧客不再上門的原因是什麼呢？——以誠實的態度幫自己打分數吧！

「最近都沒見到那位客人……他為什麼不來了呢？」

原本每個月會來一、兩次的顧客，若是一陣子沒上門光顧，生意興隆店的店長馬上就會注意到這件事。因為他記得常客的長相。而且，他會這麼想：

「那位客人為什麼不來了呢？」

「是不是有什麼原因讓他不想來呢？」

他會認真思考，或許是自己的店有什麼問題。

反觀生意清淡店的店長，就算常客不來了，他也不會注意到這件事。就算注意到了，大多數的店長都會歸因於顧客的個人因素或是變心，例如：

「是不是搬家了？」

「應該是變心跑去光顧競爭對手的店吧。」

他們不會覺得「原因出在自己的店」。

也就是說，他們不認為顧客之所以「變心」，是因為「自己有什麼問題」。

反觀生意興隆店的店長就不會這樣認為。

因此，他們會回想那位顧客最後一次光顧時的情形。

「是哪裡做錯了呢？」

「是誰接待顧客呢？」

「顧客點了什麼呢？」

「當時顧客有沒有不尋常的反應呢？」

然後，以「待客服務」、「商品」、「店內環境」等觀點重新檢視自己的店。此外，他們還會「觀察今天來店的顧客是否滿意」，並且詢問顧客「是否滿意」。

「餐點合顧客的口味嗎？」

「有沒有讓顧客盡興呢？」

「有沒有不周到的地方呢？」

假如漸行漸遠的顧客不再上門光顧，就沒辦法詢問那位顧客「為什麼不來了呢？」。

生意興隆店的店長會考量，原因可能出在自己的店。他們會請教顧客的意見，幫自己打分數，並且跟店員討論，然後建立假設進行改善。

因為生意興隆店的店長知道，失去一名常客，會讓自己的店踏上生意清淡這條末路。

❺ 店員對工作滿意嗎？——重新審視店員的表情

「店長……做完這個月我就要辭職。」

昨天店員還活力十足地工作，今天卻突然表示「我要辭職」。請問你是否有過這種經驗呢？

我有。

這是我在大阪擔任店長時發生的事。當時我還不到三十歲，負責管理的店業績蒸蒸日上、成績斐然，自己也獲得還不錯的風評。

我很信賴一名非常優秀的女性工讀生，把她當成自己的得力助手，教育新人之類的重要工作都交給她負責。沒想到某天，她卻突然說要辭職。突如其來的「辭職」宣告，對我而言簡直是晴天霹靂……我大受打擊，至今仍難以忘懷。

當時的我，很擅長向店員說明身為店長的自己想做的事，並且敦促他們行動，每天都自信滿滿地工作。

假如有年輕店員因為不夠瞭解而抱怨或是提出反對意見，我就會條理分明地反問「為什麼需要這個？」、「你的意見，這點是錯誤的！」，最後強迫他們「接受」。

所以，店員常說自己「又被松下店長拐了……」。

由於這個緣故，我一直深信店員最後都能完全理解我的指示，並且忠實地執行。

沒想到，這是天大的誤會、誤解。促使我注意到這項事實的，就是得力助手突然宣布的離職決定……。

可是，已經太遲了……。

她不肯接受我的慰留，離開了這家店。

後來是她每天都會光顧的那家咖啡廳的老闆，告訴沮喪的我「她為什麼要辭職」。

不光是她，我偶爾也會去那家咖啡廳吃午餐或晚餐，只不過我們的休息時間是錯開的，所以不曾一起去那裡用餐。

那家咖啡廳的老闆看著沮喪的我這麼說。

「聽說她辭職了呢……這三個月以來，她總是邊喝咖啡邊嘆氣。我出於擔心而問她怎麼回事，但她透露得不多。不過……。」

「怎麼？她說了什麼嗎？」

「她說，『我們店長完全不肯聽我的意見……』。」

聽到咖啡廳老闆這麼說，我心想「怎麼可能」。

因為我覺得，自己分明每天都跟她討論好幾次呀。

於是，我去問跟她很要好的資深店員，為什麼她會這麼認為。

「雖然店長的工作指示或說明都很淺顯易懂……你卻鮮少傾聽我們的意見。或許就是這一點讓她的內心累積不滿。其實不光是她，我們同樣也有各種意見……。」

那位資深組長這麼回答我。

的確，我對自己的說明力與說服力很有自信，所以總是告訴店員「反正照我說的去做就行了」。因為我堅信，自己的想法遠比店員的意見還要出色。

我的經驗確實比較多，因此可以說我知道更有效果、效率更好的方法，但她們同樣有著許多點子與意見。

引導店員提出點子，讓她們按照自己的想法去執行，能使她們行動時抱持更多的責任感，也能獲得更大的成就感……可惜，當時的我完全不曉得這個道理。

我的自私與自負，傷了一名優秀店員的心，最後更失去了她，這件事無論對自己還是工作夥伴，甚至對顧客而言都是很大的損失。

如果店員突然表示「我要辭職」……這就代表，你完全失去成為生意興隆店店長的資格。

不瞭解店員的心情、自私又自以為是的店長，絕對無法打造出能讓顧客還想再來的、生意興隆的好店。

生意興隆店的店長知道，只有在引導店員拿出最大的幹勁與認真態度時，才能打造出讓人想再度上門的好店，而**「店長的聆聽力」**能夠激發他們的幹勁與認真態度。可是，當時的我並未注意到**「聆聽的重要性」**。

除此之外，我也沒察覺到店員的不滿、沮喪、煩惱等心情。

促使我注意到這項事實的，是從旁觀察我們的咖啡廳老闆，以及傾聽店員心聲的工作夥伴。

從那時起，我就萌生「自己無法察覺自己的問題。所以，要傾聽周遭人的意見」這個強烈的念頭。

其實，「聽別人指出自己的問題」需要相當大的勇氣。每次聽別人指出自己的問題時，我都會緊張到胃痛。不過，只要鼓起勇氣聆聽，就能察覺重要的事。

如果你還不曾「聽別人指出自己的問題」，希望你務必鼓起勇氣嘗試看看。這樣一來，你一定也能立刻成為「懂得察覺的店長」吧。

本節介紹了懂得察覺的店長所講究的五個「察覺習慣」。

他們的「察覺習慣」，是成為生意興隆店店長所不可或缺的習慣。

請你一定要養成這些習慣，把自己的店打造成生意興隆的店喔！

○「不懂得察覺的店長」與「就算察覺也不會行動的店長」是指這樣的人！

上一節談的是「懂得察覺的店長」，不過世界上也有許多「不懂得察覺的店長」，以及「就算察覺也不會行動的店長」。

說不定你也是這種類型的「店長」……其實，如同上一節第五項的內容，我本身也曾是「不懂得察覺的店長」，以及「就算察覺也不會行動的店長」。

本節就從「不懂得察覺的店長」與「就算察覺也不會行動的店長」的「口頭禪」看起，聊一聊他們的特徵與狀況吧！

❶「不會吧～我根本不知情啊～」

不只店長，有些人也很常講出「我不知情（我沒聽說過）」這句話。

有些時候可能真的是對方的問題，自己確實不知情。不過，包含這種情況在內，「不知情是店長的責任」。下屬與店員若是忘記或太晚報告與聯絡，身為上司的店長要負起責任。

下屬的「報聯商（報告、聯絡、商量）」時機、次數與內容，其中一項或是全部的水準都很低，固然是導致店長「不知情」的原因之一，但造成這個原因的人卻是店長自己。「報聯商」的問題，起因於「不受下屬的信賴」。他們沒察覺自己的確認與追蹤不夠嚴格，所以才會太晚獲得資訊或是搞錯資訊，無法及時「察覺」問題或重要的事物。

切記，下屬的「報聯商」能夠提高「察覺力」。

❷「那種地方沒人會看吧」

我在麥當勞的第一線工作時，上司們總是嚴格地教導我「就算是顧客看不到的地方，也要徹底打掃乾淨」。例如桌子的背面、座位區的垃圾桶投入口背面、自動門的軌道溝槽等等，這些小地方都必須打掃乾淨。

坦白說，當時我也覺得「那種地方沒人會看吧」。但是，顧客的目光其實比店家還要銳利，看得更仔細。要是以為他們看不見就疏忽大意，不認真打掃與管理這些地方的背面，就會不小心讓人看到見不得人的部分。

關於顧客的觀點，我將在第3章為大家說明，總之跟店員的觀點全然不同。

抱持「反正顧客沒在看，應該沒關係吧～」這種想法的店長，不會以顧客觀點來檢視自己的店。因此，他不會注意到顧客的犀利目光。

千萬不可小看顧客觀點。

❸「沒辦法，因為最近景氣不好嘛」

有些店長只要業績比去年差或是沒達到目標，就會立刻歸咎於「景氣」與「競爭」。「景氣」與「競爭」，確實會對業績造成影響。但是，即便在這種景氣之下，有些店依舊門庭若市、生意興隆。把生意不好的原因怪在「景氣」或「競爭」上的店長，不會注意到自己的怠慢，以及顧客離去的原因。

就算不是天大的不滿，而是小小的不滿，累積久了顧客依然會離開。

「不懂得察覺的店長」，會把業績不佳這件事歸咎於外在因素，所以他不會察覺「顧客願意上門的原因」與「不願意上門的原因」。不會努力克服課題、不會花心思討顧客歡心，以及缺乏行動力的店長，絕對無法成為「懂得察覺的店長」以及「生意興隆店的店長」。

❹「應該還不要緊吧」

假如是在有所根據、經過縝密計畫的情況下講出這句話，那就沒有問題。不過，如果是毫無根據，什麼也沒想就輕率地講出這句話……之後便會掉進很大的陷阱裡。

舉例來說，迎接新年之後，緊接著就是工讀生畢業而辭職的時期。但是，有些店長即使到了一月仍未認真招募新店員。「懂得察覺的店長」，會在去年秋天就著手準備調整今年春天以後的編制。因為他們注意到，春天招募的新人，需要花上一些時間才能成為戰力。

「就算察覺也不會行動的店長」也明白這一點。但是，他們依舊悠哉悠哉，不提前準備。輕率又缺乏危機感的店長不懂得察覺，或者就算察覺也不會行動……人力不足的店，多半都是由這樣的人擔任店長。

貴店應該沒有這種問題吧？

❺「真麻煩啊」

處理繁雜的作業是很麻煩的事。「懂得察覺的店長」，會發揮創意巧思進行改善。因為他們注意到，這件事很重要。反觀「不懂得察覺的店長」則會偷懶。而且不光是店鋪的作業，就連必須向上司建議改善的事，他們也會覺得「真麻煩」而「拖延」。

以修理冷氣為例。店長覺得要申請高額的維修費用，還要跟上司說明是很麻煩的事，於是就把這件事往後延，結果增加店員與顧客的不滿，這種情況很常見。未察覺事物本質的店長常會做出這種事，最後他就會失去重要的顧客或店員。一旦你開始覺得「真麻煩」，就不會去注意本質或細節。所以你必須面對「麻煩」，否則沒辦法培養「察覺力」。

❻「你看，我就說吧」

不負責任、不認真以及不徹底都會降低「察覺力」。

這個世界上存在著，抱持「自己已經警告過了，所以不用負責」這種想法的店長與上司，而他們具代表性的口頭禪就是「我平常不是一再提醒嘛」，或是「你看吧」。

其實，事前他們就察覺到會發生問題。所以，他們才會先說點什麼來提醒別人吧。但是，因為他們並未認真看待這件事，才會不積極採取行動防止問題發生。假如徹底做好準備，說不定就可以防止問題發生。雖然「不懂得察覺」也是問題，但「就算察覺也不會行動」的問題更大。

「不懂得察覺的店長」與「就算察覺也不會行動的店長」還有其他的特徵，不過礙於篇幅，本書就先談到這裡了。重要的是，你要提醒自己別說出這種話，以免不知不覺變成惡劣的店長。一定要注意喔！

第2章

主動找出「察覺點」……別靠偶然，要刻意「察覺」

◯調整心態（態度）

本章要談的是，有助於你主動「察覺」的方法。

如果你想提升自己的「察覺力」，成為「生意興隆店的店長」，那麼在你學習察覺所需的「技能（技術）」之前，應該先調整好對於察覺的「心態（態度）」，這點很重要。

無論從事何種修行、訓練或學習都一樣，你必須先具備「正確的心態」，否則無法正確運用學到的「技術」。如果不能正確地運用「技術」，也就無法獲得完美的成果。

那麼，「心態」該怎麼調整才好呢？

❶不主觀認定——要是認為「不可能」就不會察覺；要是認為「說不定」就會察覺

「店長沒察覺生意興隆的原因或生意清淡的原因」——其最大的原因就是「主觀認定」。主觀認定即為固定觀念，也就是斷定「這就是這樣的東西」、「只能這樣」、「應該這樣才對」。

固定觀念源自於過去的成功案例、習慣、規則、老規矩等等。以前使用這個方法就能成功吧。但是，你眼前的情況跟過去是不一樣的。狀況與環境會隨著時間而改變，因此不會再度發生跟過去完全一樣的情形。

當然，過去的成功案例是很好的範本，學習成功案例也是非常重要的。不過，若是囿於「就是這樣」、「只能這樣」、「應該這樣」這類固定觀念，看待事物的眼界就會變得狹隘。

反之，如果認為「說不定」，眼界就會變得寬廣，能夠觀察得更深入，最後就能具備正確的心態，增強「察覺力」。

舉例來說，折價券就是很好的例子。以前店家只要在車站前面，發送寫著「打八折！」的折價券，顧客就會蜂擁而至。反觀現在，網路上充斥著各式各樣的折價券。當中有些折價券提供的折扣，已無法發揮跟從前一樣的效果。集點卡也是同樣的狀況。因為每家店都有推出集點卡，只靠這個手法的話，集客成效或回購成效就會變差。

反觀不囿於固定觀念的店長或經營者，他們不使用折價券或點數，而是採用新的手法來吸引顧客。例如，吉祥寺的某間義大利麵專賣店推出附豪華沙拉的午間套餐，宮崎的某家連鎖居酒屋則發行獨特的會員卡，會員等級會隨著來店次數從主任升遷至股長、課長，這兩家店就是因為突破固定觀念，生意才會好得不得了。總而言之，這兩個例子都是因為經營者與店長具備正確的「心態」，才能夠「察覺」討顧客歡心的辦法。

❷不貼標籤──「因為你是B型，才會這麼認為啦」如果給對方貼上標籤，就會變得難以察覺

「貼標籤」也是降低「察覺力」、讓態度搖擺不定的主要因素之一。「貼標籤」跟「固定觀念」十分相似，不過前者是特別針對人，而且店長給店員「貼標籤」，更是「錯過重要事物的主要因素」。

舉例來說，像「從血型看個性」、「〇〇占卜」、「△△型」等等的分類，就是常見的「標籤」。

這種分類，本來只是為了讓人與人之間的溝通更加順暢，所使用的輔助參考資料。但是，有些人非常相信這個分類，並且運用在溝通上。

我也經常被這種人批評「因為松下先生是O型，個性才會那麼頑固」，或是「因為你是控制型的人，才會凡事都想照自己的意思去做」，讓我不知所措。

我不否認自己確實很頑固、自我中心又霸道，但我並非每次都如此。而且，為了改進這樣的自己，我還去學教練法與心理學，每天都很努力控制自己。

可是，對方卻忽視我為了「改變自己」、「讓自己成長」所付出的努力，斷定「你屬於這種類型，所以肯定是如此」。每次遭人這樣貼上標籤，我就會失去幹勁。

❸持續問「為什麼？」、「為了什麼目的？」——瞭解「目的」，能夠調整心態培養察覺力

想要調整心態，最好的方法就是「瞭解目的」。

心態就是「態度」，換個角度來看，也可以說是「決心」、「認真」、「責任」等等。

縱使擁有再棒的知識與技能、技術，如果沒調整好「心態」，依舊無法充分運用這些知識與技術。另外，如果沒具備正確的「心態」，「察覺力」就無法察覺到更為接近本質的問題或機會。就算察覺到了，也不會將這個察覺應用在行動上。

本書最後一章（第7章）談的是「一旦察覺就要行動」，而「心態」也是展開行動的基礎。

一般而言，上司會用「下定決心」、「認真一點」、「帶著責任感做事」、「態度很重要」之類的話語，敦促下屬調整「心態」。但是實際上，對沒具備正確「心態」的人說這種話，根本沒什麼效果。

因此，我想推薦各位，採用詢問「為什麼？為了什麼目的？」這個方法。

舉例來說，假設餐飲店將廚房所用的抹布、擦桌子的抹布以及擦椅子的抹布，分成粉紅色、綠色、白色這三種顏色。

抹布是依照直接接觸到食品的可能性來做區分的。換句話說，這麼做的目的是要避免乾淨衛生的抹布，與打掃其他地方而弄髒的抹布混用。

假如這個時候，訓練員不使用「為什麼？為了什麼目的？」這個問句，向新人說明分別使用三種抹布的目的，新人就有可能不夠瞭解這個目的的重要性，因而不小心犯錯。只要說明目的，對方就能理解，而理解的知識則可培養心態。

只要像這樣培養心態，一旦有人混用粉紅色抹布與白色抹布，就能馬上注意到這個錯誤。

啟動察覺感測器

❶把自己當成「特勤」——眼觀四處，耳聽八方，監視店內發生的一切

調整好心態後，你就可以啟動自己的察覺感測器，積極地找出「生意興隆的機會」或「生意清淡的原因」。本節就傳授三個訣竅，幫助你在這種時候提升「察覺感測器」的威力。

第一個方法是，以「特勤」的感覺觀察周遭。

特勤是指美國總統的侍衛。相信你也曾在電視上或電影中，見過他們在總統身邊戒備的景象吧。他們會動用五感，查探是否有可疑人物要襲擊總統。只要有一點可疑的狀況或動作，他們馬上就會察覺並應對。當然，我們不像他們有著「驚人的察覺力」。但是，只要把自己當成他們這種「察覺專家」，繃緊神經觀察店內的每個角落，就可以察覺更多的「點子」或「問題」。

不過，以這種感覺觀察四周時，要留意自己的「眼神」喔。因為有些人繃緊神經

時，表情會變得相當可疑。

❷ 把自己當成「雷達」……東張西望——人能夠清楚辨識的視野意外狹窄

特勤之類的專業侍衛，都是好幾個人在重要人物的周圍戒備。這些侍衛不會東張西望察看四周。原因在於，他們要縮小每一個人的戒備、觀察範圍，集中精神提高精準度，並且避免因東張西望而產生死角。

但實際上，店內很難採用這種監控方式。因為店長與店員，時常得為了送做好的餐點，或是回應顧客的呼叫而到處走來走去。

這種時候，店長與店員就沒辦法像特勤一樣，只注視狹小的範圍。

因此，我要推薦的第二個提升「察覺感測器」威力的方法，就是「像雷達一樣東張西望」。

雖然目前最先進的雷達，已經不再像從前那樣會轉來轉去，不過這裡要請各位想像的是，那種會三百六十度旋轉掃描的傳統雷達。

簡單來說，就是別盯著同一個地方，要轉動脖子與眼珠，盡可能察看較大的範圍。

不消說，既然是雷達，就別單純的東張西望，請仔細觀察四周，迅速找出問題或問題的徵兆。有些人只會單純的東張西望，這樣是無法察覺到任何事物的。

❸ 把自己當成「警犬」——四處走動，觀察、聆聽、嗅聞各個角落

第三個提升「察覺感測器」威力的方法，就是「像警犬一樣四處走動，找出點子或問題」。

店長要發揮「察覺力」，除了像特勤那樣專注於狹小範圍找出問題，以及像雷達一樣東張西望查探廣大範圍外，還有一種方法就是四處走動尋找點子或問題。

再怎麼專心觀察特定範圍、再怎麼東張西望掃視整體，依舊無法徹底掌握整家店的狀況。店長若要掌握店內各個角落的狀況，四處走動是最重要且最基本的方法。

請你想像一下自己的店。

從你平常營業時所站的地方，看得到外場的各個角落嗎？看得見座位區的所有桌子嗎？看得見廚房人員的動作嗎？看得見倉庫嗎？看得到廁所裡面嗎？另外，看得到在店外走動的顧客模樣嗎？

這些地方都必須走來走去才看得見。

要是看不見，察覺力的威力就會大幅下降。這樣一來就無法成為「懂得察覺的生意興隆店店長」了。所以，請你積極地四處走動吧！當然，這個時候要像警犬一樣，放亮雙眼並且認真嗅聞喔！

運用行銷手法提高「察覺力」

❶ 蒐集資訊——透過網路、商業書籍、報紙、顧客意見、店員意見、競爭店家等途徑蒐集資訊

行銷的基本手法，能夠幫助你提高「察覺力」。一般的行銷是按照「蒐集資訊」→「分析」→「假設」這段流程進行的。只要應用這段流程，就能使你的「察覺力」精準度更上一層樓。

首先是「蒐集資訊」。

基本的蒐集資訊方法就是「看報紙」。最近不看報紙的人似乎變多了，其實一份三十幾頁的報紙，很均衡地塞進了各式各樣的資訊。雖然我們能在網路上查看新聞或資訊，但攤開報紙時躍入眼底的資訊量與資訊均衡度，依舊不輸給智慧型手機與電腦。

尤其，若只是粗略瀏覽網路新聞的標題，以為這樣就看完一則新聞了，那麼你就無法掌握到該則新聞的本質與背後的那一面。報紙與雜誌這類紙本媒體，才能夠讓人深入

閱讀。商業書籍亦然。

希望各位不要誤會，我絕對沒有否定網路新聞的意思。我想表達的是「不能光看網路新聞就以為自己掌握到資訊了」。蒐集資訊時請一定要紙本媒體與數位媒體並用。

除了報紙、書籍、網路以外，我們還能透過其他途徑蒐集資訊。例如顧客的意見，以及店員的意見等等。詳情留到後面的章節再說，總之請各位先記住，各種人物的「意見」，是「有助於察覺」極為重要的資訊來源。

另外，觀察「競爭店家的活動」、「商圈的動向」、「新店開幕」等狀況，也是有助於「察覺」生意興隆關鍵的重要資訊來源。所以，要養成平常就會利用上述途徑，透過各種地方、媒體、機會蒐集許多資訊的習慣喔！

❷分析——根據蒐集到的資料與資訊，掌握「差異」、「同類」、「變化」、「趨勢」

單純蒐集「資訊」是沒有用的。

「資訊」要經過「分析」，才能看見它的目的、本質與意義。

「但是，我不太清楚該怎麼分析才好。這很困難。」

每次舉辦店長培訓時，店長們總是異口同聲這麼說。

的確，雖說要分析資訊，但除非是從事這份工作的專家，否則一開始都不曉得該怎麼做才好。另外，以專業手法進行「分析」是非常費心費力的事。而且也需要知識、技術與軟體吧。

再者，店長也沒有那種閒工夫。不過，請放心。店長要發揮「察覺力」，其實不需要那麼專業的分析。我們可以用非常簡單的方法進行「分析」。這裡就來教教各位簡單的分析方法吧！我推薦的基本分析方法，共有以下三個步驟。

① 分解資訊並加上標記
② 根據標記將資訊分門別類
③ 試著重新排列已分類的資訊

我平常所做的分析就是這樣而已。只要使用「Excel」就能輕鬆完成。那麼，我再簡單說明一下這三個步驟吧！

①「分解資訊並加上標記」，做法就跟「加上標籤」一樣。

大家在社群網站或部落格發表文章時，都會加上主題標籤，方便日後進行搜尋對吧？這個步驟也是如此。只要使用Excel之類的工具，給顧客意見與店員意見、觀察資料與調查資料加上標籤再加以整理，就能建立一個像樣的資料庫了。

②「根據標記將資訊分門別類」，就是按照①的標記（標籤）分類、排列。以Excel來說就是按「升序」或「降序」排序，或是篩選。使用這個功能，就可以輕鬆幫加上相同標記（標籤）的項目分組。

③「試著重新排列已分類的資訊」，是將分類條件增加為兩、三種，試著變換組合。如果你對Excel的用法有一定程度的瞭解，這個步驟只要使用「樞紐分析表」功能就可輕鬆完成。

這個步驟也可以說是「換個角度來觀察」吧。變換分類條件或組合，同樣是能幫助你獲得察覺的有效手段。

分析的方法五花八門，請先從這種簡單的方法嘗試看看。只要養成這種分析習慣，之後就能從中看出「差異」、「同類」、「變化」、「趨勢」等等。如果你想靈活運用「察覺力」，一定要學會這種簡單的分析方法喔！

③建立假設——假設即是具體的預想劇本。有了假設，就能注意到實績與計畫之間的誤差

最後一個提高察覺力的行銷手法是「假設」。

假設就是預想「如果是這種狀況或資料，接下來就會變成那樣吧」。不過，「假設」有別於單純的空想、幻想或一廂情願，它是建立在「分析」上。也就是說，「假設」是有「根據」的。

只要建立「有憑有據的假設」，就能更加仔細地觀察、追蹤眼前變化的狀況。有些事只靠單純的空想是無法察覺的，不過只要建立可靠的假設，一旦發生不同的狀況或結果就能馬上察覺。

舉例來說，假如長期預報指出今年夏天將會非常炎熱，而且從過去的資料來看，天氣非常炎熱時某件商品就變得相當暢銷。於是，某人根據這些資訊，建立「今年夏天很熱，這件商品應該會賣得很好吧」這項假設。

如此一來，建立假設的人，就能每天仔細查核這件商品的銷路。因此，就算商品銷路不佳，他也能馬上注意到。反之，如果沒建立任何假設，就有可能不會注意到銷路的變化，結果錯失機會而面臨危機。

只要養成蒐集資訊並進行分析，然後建立假設的習慣，無論是生意興隆的機會，還是生意清淡的危機都能及早察覺。

○勤做筆記，並且持續反省與改善

❶記錄注意到的事物——沒寫下來就會忘記，不要過度相信自己的記憶力

我是筆記狂，每天都會寫下相當多的筆記。

不僅家裡好幾個地方都放置了便條紙，外出時也一定會在屁股口袋與公事包裡放入記事本，此外還在iPhone桌面下方的Dock欄設置筆記應用程式（Dropbox Paper）。總之，只要想到什麼或注意到什麼，我就會立刻記錄下來。

而且，我會定期將那些筆記輸入到Excel裡。只要輸入到Excel儲存起來就變成一個資料庫了，以後便能輕鬆搜尋資訊。

除此之外，我還會使用Evernote，將可參考的網路資訊逐一歸檔保存。

像這樣勤做筆記後，我手邊的「資訊」就越積越多。不消說，我的頭腦沒辦法記住所有的內容。不過，只要把筆記儲存在資料庫或雲端硬碟裡，幫助我發揮「察覺力」的關鍵字就會增加。如此一來，之前沒注意到的事，我也能夠更快察覺到。

所謂的「察覺」，並不是只有在看到或聽到什麼時才會「察覺」。「想起之前注意到的事物」也是一種「察覺力」。

另外，我們的記憶力並非完美無瑕（除非你是天才）。有時會不小心忘記重要的事，有時也會記錯。寫筆記這個習慣，是彌補我們記憶力缺陷的好辦法。而且記下來的筆記，能夠幫助我們「察覺」。

好不容易注意到了，要是不小心忘記就可惜了。

所以，一旦注意到什麼我就會立刻記錄下來。如果處在無法寫筆記的環境，我就會念咒一般不斷在腦中念著察覺到的內容，以避免自己忘記。

❷寫反省報告——想起去年活動辦到一半就缺貨的事

「反省報告」究竟是為誰而寫的呢？

這絕對不是上司要下屬為失誤負責才叫他寫的報告。而是為了「不再犯同樣的失誤」，所留下的「database：紀錄」、「attention：提醒」、「reminder：備忘錄」。

「反省報告」跟前述的筆記有些不同。筆記只是要避免自己忘記這件事，而為自己寫下的紀錄。

反觀「反省報告」不只是為自己而寫，也是為了繼任者、下個年度或是其他人而寫的。因為有這份報告，自己的經驗與資訊才能幫助許多人。

舉例來說，我曾為了下個年度留下這樣的「反省報告」。

某年夏天舉辦活動時，身為店長的我訂定某件商品的銷售目標，並且按照計畫訂貨，做好萬全準備迎接這場活動。

可是，當時那件商品出乎我的預料，賣得非常好，活動辦到一半就賣光了。參考去年的資料，以為存貨很充足就放下心來的我，悠哉悠哉地面對活動，也沒有仔細觀察活動開始後的銷路，結果太晚追加訂貨。我犯下失誤，眼睜睜看著提升業績的難得機會就這樣溜走。

我反省這次的失敗，重新調查去年的銷售資料。結果察覺，那件商品不只今年熱賣，去年也頗受好評，活動還沒結束就賣到缺貨。因為我只看總銷售額的數字來決定訂貨量，才會面臨重大的失敗。

之後，我深刻反省這段失敗經驗，並且為了隔年上任的店長，將「發生缺貨情況之事實」、「每日的銷量變遷資料」、「整個活動期間可賣出的預估銷售量」這三個重點寫進報告裡，人事異動時再交接給繼任的店長。

其實，你正在閱讀的這本書，也算是我交接給你的「反省報告」。

❸不斷改良——改善能促成「下一次的察覺」

PDCA是基本的商業框架之一。這個框架非常有名，相信你一定也聽過。所謂的PDCA，是指擬訂計畫（PLAN）、執行（DO）、查核（CHECK）、改善（ACTION）這個循環。

我平常以店長為對象舉辦的經營培訓課程，就是以PDCA為核心主題。這裡就來談談，最後的「改善（ACTION）」跟「察覺力」有什麼關聯。

首先，PDCA為什麼不可缺少「改善（ACTION）」呢？

因為事實上，即使重複做同樣的事，也不會產生同樣的成果。

我在本章開頭也提到，包圍店家的環境時時刻刻都在改變。以前的成功方法，現在已無法發揮相同程度的效果。

發揮「察覺力」的生意興隆店店長，總是考量到「過去與今後不同」、「同樣的狀況不會再發生」、「重複做同樣的事並不會產生更大的效果」。

生意興隆店的店長會基於這樣的想法，去找出「跟過去不同的部分」、「跟過去不同的狀況」、「跟過去不同的方法」。

而這就是**「察覺力」**。

以下就為大家介紹東京某間蕎麥麵店的案例。

從前，這家店因為位在車站到大學之間的主動線上，能夠獲得隨機的過路客，所以生意非常好。但是後來，那間大學的便門換了位置，動線也隨之改變，蕎麥麵店的來客數一下子就少了一半。

於是他們改變策略，不再以隨機來店為目標，改為鎖定慕名而來的目的客，開發「外觀精美」、「使用健康食材」、「美味可口」等容易讓女性顧客「食好鬥相報」的新菜色，期待能透過社群網站與現實中的口碑吸引顧客上門。結果這項策略奏效，這家店再度門庭若市。不過，後來老闆又進一步改良策略：明明是蕎麥麵店，卻開發女性會喜歡的甜點菜單。如今這家店依舊維持良好的業績，還有顧客是衝著甜點上門光顧。

這個例子告訴我們，不斷進行改善，就會更容易察覺「能夠變得更好的方法」。

假如這家店仍舊跟以前一樣，只是一家鎖定隨機過路客的普通蕎麥麵店，老闆就不會察覺生意興隆的點子，而這家蕎麥麵店也早就成了生意清淡的店吧。另外，只改善一次就放心的話，生意也沒辦法維持長久吧。

改善、改善再改善的做法，跟豐田模式有異曲同工之妙，而這也是提高察覺力的有效方法。

請你也要挑戰一下，改良目前採用的做法。相信你一定會察覺生意興隆的新點子。

第3章

掌握「察覺訣竅」

……幫助你「更容易察覺」的16個訣竅

幫助你更容易察覺的訣竅

上一章提到，「若要察覺生意興隆的點子或生意清淡的原因，『準備』與『蒐集資訊』是很重要的」。本章就進一步具體介紹「幫助你更容易察覺的訣竅」。

❶ 聚焦「關鍵字」從而察覺——生意興隆與生意清淡都有明確的原因

「今天考察商圈的主題，就定為『生意興隆店門庭若市的原因』！」

提高與發揮「察覺力」的最大訣竅，就是聚焦於「關鍵字」，並且一直留意這個「關鍵字」。我平常都會這麼做。

如同前述，生意興隆的店有生意興隆的原因，只要留意「生意興隆」這個關鍵字，注意到的「生意興隆的關鍵」就會比毫無作為多出好幾倍。

反之，若是留意「生意清淡」這個關鍵字，走在街上就會立刻注意到「歇業」、「撤離」、「門可羅雀」等狀況。當你走在街上時，如果特別留意紅色，是不是會沒來由地覺得「今天紅色的車好多啊」呢？兩者是一樣的道理。另一方面，令人「不易察覺」的最大障礙，就是「主觀認定」與「膚淺的看法」。假如看到生意興隆的店或生意清淡的店時，只會說出「真神奇耶」、「為什麼會這樣呢」、「真搞不懂」之類的話，是無法注意到原因的。

生意興隆店的店長，會把察覺關鍵字變得更加具體並時時留意。

舉例來說，得知店家生意興隆的基本公式就是其中一種具體化。

店鋪的業績，一般可用「來客數×客單價」這個公式計算，此外也能以「潛力×吸引力」這個觀點來看。

這個觀點即是認為，「業績是靠著店鋪的吸引力，將具潛力的顧客（商圈內的潛在顧客）吸引過來的結果」。

吸引力是指「地段」、「人」、「商品」、「價格」、「促銷」這五項元素。

換言之，只要具備「好地段」、「有幹勁的人」、「有魅力的商品」、「合理的價格」、「超值的促銷」，就能打造出「顧客蜂擁而至、商品熱賣的店」。這些同樣是有助於察覺的「關鍵字」。

❷將「業務手冊可視化」從而察覺——麥當勞的業務手冊充滿了相片、插圖、影片

「這家店的作業說明書都是相片與插圖！」

「差異」如果很明確，就不難注意到這個差異。「差異」即是與「標準」、「水準」之間的差距。對店長而言，最容易讓他們察覺「差異」的就是「業務手冊」、「作業說明書」、「食譜」等等。只要有這些東西訂出的明確「標準」，就能更容易注意到眼前的現象與「標準」之間的差距。那麼，只要製作「業務手冊」就行了嗎？

當然，光是製作業務手冊就非常能幫助你發揮「察覺力」，不過我更推薦製作「將標準可視化」、簡單易懂的業務手冊。

例如，使用「相片」與「插圖」來製作業務手冊。

因為工作的關係，我見過各種公司的業務手冊，這些手冊的文字資訊都多得嚇人。用文字表達確實很重要，但是文字需要「解釋」。這個解釋不見得人人都一樣，很容易產生偏差。因此我推薦使用「相片」、「插圖」甚至「影片」來製作業務手冊。

我在麥當勞擔任督導時（距今約三十年前），公司曾安排我到美國麥當勞受訓，當時見到的美國版業務手冊帶給我不小的衝擊。

美國版的業務手冊與製作步驟的說明書，使用的相片與插圖比文字還多。畢竟美國的麥當勞，店員來自各個國家，當中也有中國裔與墨西哥裔的店員，他們不見得都會講英語。因此，只有英文說明的業務手冊是派不上用場的。

如果要讓他們遵守麥當勞的嚴格標準，使用「相片與插圖」的效果會比「文字」更好。此外，當時就連新人培訓，也很理所當然地使用影片。

麥當勞就是藉由訓練員的教育，搭配相片、插圖與影片進行「標準」的「可視化」，讓店員能高度遵守「標準」，所以才能成為在世界各地展店的巨大連鎖企業。這種做法也是有助於察覺的訣竅之一。

貴店的業務手冊，是否已將標準「可視化」，任誰看了都一目瞭然呢？有沒有因為內容複雜難懂，導致解釋有所出入呢？

不只店長需要察覺力，店員也不能缺少這項能力。請一定要製作出，只看一眼就能立刻察覺差異的業務手冊。

③以「徹底」為標準從而察覺 ——「排油煙機亮到能映出人臉」——博多的平尾天麩羅

「這家店的店長絕非泛泛之輩……。」

九州博多有家名叫「平尾天麩羅」的店。

這是福岡縣家喻戶曉的天麩羅名店。不過，這家店名氣大歸大，卻不是高級餐廳，而是只要一千日圓就能用美味天麩羅填飽肚子的店。我非常喜歡這家店，每次去博多一定會到那裡用餐。

這家店的厲害之處，不只是食物美味而已。

他們家天麩羅油炸機上方的排油煙機（從天花板垂掛下來的不鏽鋼排煙罩），總是清理得亮晶晶的。這是一家天麩羅店，因此廚房充滿了油煙，排油煙機當然也會變得油膩膩的。不過，這家店的店員們，每天打烊後都會將排油煙機徹底擦乾淨，而且還亮到能映出人臉。除了平尾天麩羅外，也有其他店家跟他們一樣，會將容易變髒的地方徹底清理乾淨。

例如位在日本橋的高島屋百貨。這家百貨公司正門地上的溝槽也是亮晶晶的。正門地上的黃銅製溝槽，每天都會被鞋子踩來踩去。但是，這個地方無論何時看上去都沒有半點髒汙，乾淨得就像是整天都在打掃一樣。

話說回來，他們為什麼要打掃得這麼徹底呢？

這是因為，徹底打掃乾淨的話，「一旦髒了馬上就會察覺」。他們的標準就是，要打掃到亮晶晶的程度。假如標準是「有點髒也沒關係」，那麼就算髒了一點也還在容許範圍內吧。但是，如果標準是「沒有一絲髒汙的乾淨」，那麼就算只是一點點髒汙仍舊不符合標準，所以馬上就會注意到。他們總是把會弄髒的地方打掃乾淨，是因為「一旦不符合標準就能馬上察覺」。

這既是他們的標準，也是講究與自豪。

各位若到博多或東京日本橋，請一定要去參觀「平尾天麩羅的排油煙機」，或是「高島屋百貨地上的溝槽」。察覺力的徹底標準就在那裡。

④「不掩飾」從而察覺——「廁所的標準是不能有任何氣味」禁止在廁所裡放置芳香劑的上司

「廁所裡不能放置有氣味的芳香劑！」

我在麥當勞的第一線工作時，總公司有位姓合志的部門經理非常嚴厲。合志經理每次來到店裡一定會檢查「廁所」。而且，不光是髒汙，他對氣味的標準也非常嚴格。

廁所會散發出氨味與排水管臭味。如果怠於清掃，這些氣味就會滲透牆壁很難去掉。廁所若是很臭就會挨罵，所以店長試圖用芳香劑來掩蓋臭味。

但是，合志經理察覺店長想用香味掩蓋臭味後非常生氣，狠狠罵了店長一頓。因為他不想培養出不採取根本的對策，而是做表面工夫敷衍了事、水準很低的店長。敷衍了事的店長，絕對無法打造出生意興隆的店。合志經理就是「經由氣味察覺」，店長想藉由掩飾「讓人不去注意到臭味」的態度。

最近有公司研發及販售「無味芳香劑」或「除臭劑」，不過在廁所裡放置這種東西的店，難免會讓人覺得店家想掩蓋什麼。

當然，與其放著臭味不管，擺放無味芳香劑還比較好吧。可是，這絕對不是根本的解決之道。不注重根本解決問題的店長，最後就會以這種掩飾當作標準。這樣的態度會讓他變成「不懂得察覺的店長」。假如現在，貴店的廁所裡就放著芳香劑，請立刻採取根本對策解決問題。

請在你變成「察覺不到臭味的店長」之前趕緊行動吧！

因為，如果廁所沒有臭味，自然就沒必要放置芳香劑了。

⑤「專心聆聽」從而察覺

——聽別人說話時，不要去想接下來要講的內容

「奇怪？好像有點牛頭不對馬嘴……。」

交談或開會時，偶爾會遇到「發言有些答非所問的人」。例如偏離重點、誤解、不懂裝懂而搞錯、扯開話題等等。就是有這種人對吧？為什麼他們會變成這種人呢？這是因為他們「沒在聽別人說話」。

「仔細聆聽並理解對方的話」是溝通的基礎。

舉例來說，有些人會一再提到同一個詞彙，或是講到某個詞彙時會提高分貝，又或者發言內容出現矛盾。這就表示此時有什麼令他在意的事物。

另外，興奮、緊張或鬆懈時，我們也會不自覺發出這樣的訊號。電視上偶爾能看到，身陷疑雲而遭到記者或議員追究的知事或政治家，這種時候他們往往會有這樣的反應。

這種重要的訊號，只要專心聆聽就能察覺。溝通能力強的人都會仔細聽對方說話，因此能夠從中察覺到重要的訊號。

那麼，為什麼有些人無法專心聆聽呢？

這是因為，那個人「在想接下來自己要講的話」。

這種人認為，面談或開會時，如果輪到自己發言就得好好發表意見才行。又或者，他想要說服或反駁對方，告訴對方什麼才是正確的。他會在別人說話時，準備自己要講的話。所以，他才會理解不深或誤解，導致牛頭不對馬嘴。無論是政治家或其他人都一樣，那些對答得當的人都會專心聽對方講話。他們會先充分理解問題或對話內容再回答，所以才能應對如流，不會答非所問。

跟店員面談或跟廠商交涉時，只要專心聽對方說話，對話就能進行得更加深入。換句話說，聆聽能獲得察覺，察覺則可讓人提出更深入的問題。

你的察覺力，也能藉由專心聽別人說話來提升。

❻ 經由「服裝儀容」與「時間管理」察覺
——注意店員服裝儀容不整或時間管理不當時的心理變化

「A最近服裝儀容很邋遢。出了什麼事嗎？」

察覺力很強的店長，經常觀察店員服裝儀容的變化。

這裡的服裝儀容並不是指「時尚品味」，而是指不會令顧客不愉快的基本乾淨感，以及服裝方面的禮貌。

不過，跟許多店員共事，有時會碰到服裝儀容不整的店員。當然，身為店長，應該要告誡邋遢的店員，要求他保持服裝儀容整齊。可是，「生意興隆店的店長」處理方式更加高明。他們在發揮「察覺力」後，不只會點出服裝儀容不整的問題並要求改進，還會關注發生這個現象的真正原因以求改善。

「現象」的發生必定有其「原因」。

追究這個「原因」，就能察覺更深入的「原因」。

舉例來說，我還在當店長時曾發生過這樣的事。

我的店裡有一名就讀高中的女工讀生。她的個性非常率真，總是面帶笑容，工作也很勤快。當然，服裝儀容也沒有任何問題。

可是從某個時候起，她的服裝儀容就變得越來越邋遢。頭髮隨便亂綁，指甲留得很長，還不以為意地穿著髒兮兮的制服工作，最後更是遲到或臨時請假，而且接待顧客時的態度也出現問題。

不消說，每一次我都會提醒、指導她，但依舊不見改善的跡象。氣惱的我決定當面跟她好好談一談。結果聽了她的說明後，我才發覺自己只看到她的表面，因而深刻反省。

其實，她的父母正在協議離婚，家裡始終瀰漫著劍拔弩張的氣氛，而她差不多就是在父母說要離婚的那個時候開始變得邋遢。注意到這一點的我，認真聆聽她說的每一句話，並且找時間陪她一起思考，父母的事、孩子的心情，以及接待顧客時的專業態度。

之後，她總算是重新振作起來。這段經驗則讓我獲得這個察覺：無論是服裝儀容或態度的變化，「現象的發生必定有其原因」。

⑦ 知曉「尋常」從而察覺——只要知道自己「平常的狀態」，不對勁時就能立刻察覺

「奇怪，嘴巴周圍的皮膚有點粗糙耶……。」

你是否曾在早上起床、洗臉、刷牙時，察覺自己跟平常不太一樣呢？我經常有這種經驗。

每個人察覺的時間點可能都不一樣。例如化妝的時候、早上做伸展運動的時候、蹲廁所的時候、正要吃早餐的時候，就連早上起床的那一刻，應該也有可能感覺到自己跟平常不一樣。

為什麼會察覺自己跟平常不一樣呢？

答案很簡單，因為我們總是在觀察自己。即便不特別留意，我們每天都會看到自己的臉，聽到周遭的聲音，以及說話、品嘗、嗅聞、活動身體。所以，就算只是小小的不

對勁也會察覺。

店鋪也一樣。店長每天都看著店鋪，聽店內的聲音，跟店員或顧客說話，試味道，聞氣味，觸摸各種地方。這些都是平常會做的事。

不過，就像我們會感覺到身體的異常，有些時候也會感覺到店鋪的異常。廁所前面有臭味、抽風馬達附近發出細微的聲響、排水不順暢、冷氣不冷……注意到這類異常的店長，只要展開行動處理問題就好。

但遺憾的是，有些店長不懂得察覺。他們只是單純開門營業，並未留意「尋常」是什麼樣子，所以才會察覺不到小變化。這種店長多半也不會注意到自身的異常吧，即便那是嚴重疾病的前兆……。

不可以漫不經心地看著店鋪。

就算不是天天都有很大的變化，也要持續仔細觀察並牢牢記住平時的「尋常」，這點很重要。唯有這麼做，才能注意到「一點點的小變化」。

8 經由「報聯商」察覺
——從報告、聯絡、商量的內容、速度、態度察覺店員的真心話

「最近A都很晚才報告呢……而且，他好像也沒聯絡與商量就擅自行動……。」

相信不少上司都有「不明白下屬的心情」這個煩惱。

其實，只要仔細觀察下屬的「報聯商（報告、聯絡、商量）」，就能察覺下屬的心情。因為「報聯商」如實反映出下屬的心理狀態。

懂得透過「報聯商」推想下屬心情的店長，本身也很擅長運用「報聯商」。為了推動自己想做的事，他們會運用「報聯商」讓上司產生這個念頭。因為他們懂得把下屬的「報聯商」帶給自己的感受，應用在上司身上。

反觀不擅長「報聯商」的店長，則沒辦法透過下屬的「報聯商」，得知下屬處於什麼樣的心理狀態。這種情況常發生在「欺下怕上型」的人身上。

總歸一句話，不進行「報聯商」的下屬，並非有自信才擅自行動，而是因為沒自信才不敢進行「報聯商」。他們沒辦法理清事實或狀況，才會不敢「報告」或「聯絡」。另外，他們也怕「商量」或「提議」會遭到否定或質問。那些嫌麻煩而不報告的下屬，其實是害怕報告。

我在擔任督導時，曾遇過原本都很認真進行報聯商，後來頻率越來越少，最後幾乎不向上司報告的店長。當時的我是個很囉唆的督導，擔心他是不是覺得我很煩，所以某天就找他當面聊聊。

結果他說：「最近業績有點下滑，活動的成績也不好，所以很怕跟上司報告。要是報告或商量，自己應該會被罵得很慘。」果不其然，造成他不報告的原因，就是每次報告或聯絡時，總是大聲斥責他的我。

不是不進行「報聯商」，而是不敢進行的原因就出在那裡。

當下屬的「報聯商」水準降低時，必定有其原因。察覺原因並且盡早處理，可以說是讓店鋪生意興隆的訣竅。

⑨保持「親切」從而察覺——只要記得對人親切，就會仔細觀察別人

「本公司的策略就是『親切』。」

有間連鎖牛舌店叫做「根岸」。

我很喜歡「根岸」這家店。不僅因為餐點很美味，店員的待客態度也很好。這種出色的待客服務，是源自於他們的基本理念與「策略」——「親切」。

舉例來說，在「根岸」，當男性顧客要續點麥飯時，店員會對著廚房大喊「再來一

碗麥飯～～」。不過，如果是女性顧客續點，店員則會默默地通知廚房，以避免顧客感到不好意思。他們會在瞬間察覺到顧客希望自己怎麼做，並且採取這個行動。比方說顧客飯後要吃藥，不知從哪裡觀察到這件事的店員，就會立刻送來沒加冰塊的水。

為什麼他們能做到這種事呢？

原因就在於「親切」。一流飯店的禮賓服務員與高級餐廳的領班，總是抱持著最專業的專家心態，繃緊神經注意店內的每個角落，發揮他們的「察覺力」。

但是，一般店家的一般店員，沒辦法輕而易舉地做到那種程度。而「親切策略」就是讓一般的店員，能夠發揮專家的「察覺力」的辦法。

「親切」是一個大家都不難理解的詞彙。再者，他們畢竟是店鋪的工作人員，自然不易誤解公司想要推動「親切對待顧客」這項策略的意思。

因為有這句話，才讓店員們時時記得「要親切對待顧客」，努力觀察、關心顧客以避免錯失機會。所以，他們才能「察覺」表現的機會。

「親切對待顧客」……我認為這是一句非常棒的話，能夠促使店員對顧客發揮「察覺力」。請各位也要像「根岸」那樣，將「親切」納入人才培育與店鋪策略裡，相信店員的「察覺力」一定會大幅提升。「根岸」的「親切」，真的是很了不起的策略呢！

⑩經由「檢查表」察覺——運用詳細的檢查表來防止遺漏

「打烊後，要記得在離開店面之前，再次使用檢查表檢查火源。」

貴店應該也有「檢查表」才對。例如火源檢查表、衛生管理檢查表、現金管理表、作業說明書等等，店裡應該有各式各樣的檢查表吧。

運用檢查表，可大幅提升察覺問題的機率。

不過，關於檢查表的設計，有幾點必須當心與注意。

第一點是**「檢查表有缺漏」**。

檢查表本來的作用是檢查有無遺漏，防止「忘記某項作業」或「搞錯步驟」。不過，這個世上存在著許多非常簡陋的檢查表。假如所有東西都列入檢查項目裡，檢查起來確實太花時間與勞力。但是，檢查表太過簡陋的話一定會發生疏漏。所以，務必再三確認，要檢查的內容有沒有遺漏重點喔！

第二點是**「檢查標準不一致」**。

即便使用的是內容沒有缺漏的完美檢查表，畢竟進行檢查的是人，這時可能會發生標準不一或偏離標準的情況。若要盡量避免這種情況發生，就得設法將標準「可視化」，並且徹底進行「標準訓練」喔！

第三點是**「有人不使用檢查表」**的問題。

雖然我認為，上司或總公司若提供店鋪檢查表就一定要使用，但令人意外的是，第一線不太會認真使用檢查表。乍看有使用，實際上卻是沒檢查就蓋章的情況也很常見。當中還有些不守規矩的店長，會想辦法讓檢查表看起來不像是沒檢查就蓋章。

之所以會發生這種狀況，是因為上司沒讓下屬明白經由「檢查表」察覺疏漏的重要性。換句話說，這是心態的問題。

貴店也有的「檢查表」……請你再確認一次，下屬是否瞭解檢查表的內容、標準以及目的，並且正確地運用。

因為檢查表是一項不錯的工具，只要善加運用，就能大幅提升察覺力。

⑪「做記號」從而察覺——幫待辦事項加上記號，讓人更容易注意到

「啊，這家店的業績走勢……看來很不妙啊……。」

請問你會使用螢光筆在課本上畫線，或是在閱讀的書上黏便利貼嗎？我經常做這種事。除了我之外，應該也有許多人會這麼做，而這也是提高「察覺力」的訣竅之一。

做記號的目的，是為了凸顯該注意的部分，好讓大家都能更容易察覺到那個問題。舉例來說，我在當店長時，為了讓店員們察覺我很在意的、該保持整潔的部分，使他們具備跟我一樣的標準與觀點，我經常會跟店員們玩一個遊戲：在店內貼上蓋了店長章的圓點貼紙，再請店員找出這些貼紙。

大家通常都看得到的地方，平時都會打掃乾淨，但要讓人注意到不易看見的髒汙卻很困難。

不過，我很喜歡這個「尋找店長章貼紙的遊戲」，因為能讓店員在玩遊戲的同時，學習我注意與講究的事物。

使用Excel分析業績時，我也時常應用這種做記號的概念。以前在公司負責經營分析時，如果業績低於目標值或是呈現下滑趨勢，我會在儲存格填入紅色，讓人瞬間就能注意到這個部分。

我非常注重這種警示方法，就算是列出一堆數字的大表格，也能迅速察覺有問題的部分。做記號就是一種「將危險可視化」的辦法。除此之外，我也很推薦製作「圖表」來進行「可視化」，並且藉由改變圖表的顏色等方式做記號，讓人更容易注意到問題。

雖然做記號是非常方便的辦法，但令人意外的是，許多企業與店長並未使用這個方法。假如貴公司或是你本身，並未使用這種方式來提升察覺力，請務必立刻嘗試看看。這樣一來，你和公司的察覺力一定會提升。

尤其是經營數家連鎖店的公司，分店越多，表格資料也越多，越難一下子察覺問題。

請一定要採取做記號與警示的方法，提高整間公司的察覺力喔！

⑫ 去除「障礙物」從而察覺——工程現場使用透明圍欄是為了提醒行人注意安全

「哎唷，好險!!」

各位是否曾在大樓之類的工程現場出入口或轉角處，看過局部透明的臨時圍欄呢？這叫做透明圍欄，作用是提高工程現場的安全性。看過實物的人應該曉得，這種圍欄是透明的，因此可以看到圍欄的另一邊。不消說，工程現場裡面的情況當然也看得見，但這並不是真正的使用目的。擺放在工程現場入口附近的透明圍欄，其實是為了在工程車出入時，讓經過工地前面的行人與工程車能夠更容易注意到彼此。

另外，擺放在轉角處的透明圍欄，則是為了讓人看到圍欄的另一邊，以免在轉角處迎頭撞上別人。

這種將障礙物透明化的方法，也可以應用在店鋪上。例如廚房的出入口或座位區的轉角處，可將會擋住視線的障礙物移除、把布幕或布簾換成流蘇簾、給雙向彈簧門加上窗戶等等，以避免顧客與店員接觸。

其實拓寬廚房出入口一帶與轉角處就能提高安全性，但店家通常希望座位區空間能做最大限度的有效運用，所以很難採用這種保留空間的設計。不過，只要降低隔板的高度、將布簾換成流蘇簾、給門板加上窗戶、在轉角前面裝設反射鏡或普通鏡子，店員與顧客就能注意到危險，安全性也會大幅提高。

反觀生意清淡店的店長，則會把貨物堆放得比刻意降低高度的隔板還高，或是移除防止相撞的鏡子增加死角。

請問，貴店的廚房出入口與座位區的通道呈現什麼樣的狀態呢？

如果沒注意到危險而發生意外事故，就會失去好不容易獲得的顧客。因此，一察覺問題就要立刻改善喔！

⑬ 經由「鏡子」察覺
——察覺自身狀況的最有效方法，就是「觀察鏡中的自己」

「今天的我完全沒有笑容呢……。」

鏡子不只能在通道的死角派上用場，也是能幫助我們察覺到自身真心話的優秀教練。我在拙作《讓人想繼續共事的店長具備的簡單習慣》（暫譯，同文館出版）也介紹過，以前當店長時，我會在座位區與辦公室放置許多面鏡子，以便及早注意到自己工作時的表情。

其實店長時代的我，是個會立刻將情緒表現在臉上的人（現在可能也是如此……）。情緒可分為開心的情緒、悲傷的情緒、憤怒的情緒等等。將開心的情緒表現出來是無妨，但把憤怒的情緒表現出來卻沒有半點好處。

尤其若在顧客或店員面前表露這類負面情緒的話，根本就是不及格的店長。自覺到這一點後，我就很努力地壓抑、控制自己的憤怒情緒。但是，當自己正在氣頭上時，再怎麼努力控制，還是能從表情感覺出來。

比方說，當我生氣時，會露出皺起眉頭、眼神嚴肅的表情。

假如隨時都有店員偷偷提醒我「店長！你露出生氣的表情了……」就好了，但實在很難要求他們做這種事。

於是，我在自己的身邊放置許多面鏡子，以便注意自己有無將負面情緒表現在臉上。擺放許多鏡子的話，就算沒看到實際的表情，光是鏡子本身就能讓我注意到，自己的情緒正往負面方向發展。而且，只要再度察看鏡子，就能讓情緒平靜下來。

我們看似瞭解自己，實際上卻一點也不瞭解。

所以才要請周遭的人提醒自己，但站在店長的立場，這不是件簡單的事。

畢竟從店員的角度來看，店長就是店長，實在很難告訴對方「你露出生氣的表情囉」。所以才要設置鏡子，由鏡子來提醒自己。因為鏡子能夠冷靜地給予無聲的提醒。

假如你是容易焦躁的人，推薦你使用這個工具。

⑭經由「測量工具」察覺——溫度計、馬錶、捲尺是發揮察覺力的必需品

「今天的義大利麵溫度有點低呢。測量之後察覺只有七十八度，低於標準兩度。重新檢查一下作業流程吧。」

生意興隆店的店長，擁有幫助自己察覺問題的七樣工具。

這裡就為大家介紹其中三種工具吧！

首先是電子溫度計。電子溫度計可說是餐飲店必備的工具，但生意清淡店的店長鮮少認真使用它。麥當勞會使用這種溫度計，測量所有的廚房機器與餐點，檢查溫度是否符合標準值。

尤其生意興隆店的店長，還會定期校正溫度計，以維持製作環境的正確性。反觀生意清淡店的店長，就算督導指出油炸機炸好的商品顏色深了一點，他也只會查看油炸機設定的溫度。只檢查這個部分，他就不會注意到油炸機也許故障了。電子溫度計是能幫助我們察覺溫度不符合標準的重要夥伴。

另外，馬錶也是必需品。現在智慧型手機都有計時器功能，不過我當店長的時候可沒有那種東西，所以都是使用馬錶或電子錶。我會使用這個工具，檢查需要管控時間的作業流程是否按照業務手冊進行。

捲尺也是七樣工具之一。舉例來說，進貨的食材大小、粗細是否符合指定要求，除了以肉眼判斷之外，實際測量也是很重要的。生意興隆店的店長會認真測量，生意清淡店的店長則是隨便看看而已。當然，蔬菜之類的食材，無法保證每次進貨的大小、粗細都一樣。

不過，只要清楚掌握食材的大小與粗細，就算收到小一點的食材，也可以增加供應給顧客的分量，避免令顧客感到不愉快。只要善加運用這些測量工具，就能進一步提升察覺力。

順帶一提，另外四種工具分別是**「風速計」**、**「手電筒」**、**「糖度計」**、**「電流表」**。這些也都是有助於「察覺」的重要夥伴。

⑮「模仿」從而察覺——「徹底」模仿前輩或老鳥，察覺自己的不足之處

「我先示範一次給你看，你再學我做做看。」

生意興隆店的店長在教育店員時，採用的是「讓店員模仿」這種方法。教導待客或烹調等技術時，解說知識、原理、步驟固然非常重要，但光聽解說依舊不明白實際上該怎麼做才好。所以，他們會以自己或資深店員為範本，要求新人模仿他們的動作或說話技巧來學習技術。不消說，這對店長而言是非常普通尋常的教育方法吧。你在教導店員時，應該也是採取「先示範一遍給對方看」，然後「要求對方做一遍給自己看」這種方法。

我為什麼要特地在這裡提起這件事呢？

因為，絕大多數的店長都採用了錯誤的「模仿」方法。

很可惜的是，大多數的店長在「要求店員模仿」時，都沒能做到「徹底」。

如果模仿得不徹底，再怎麼模仿也無法達到「熟練」水準。

即便是菜鳥，接待顧客或烹調等工作，一樣得盡量接近老鳥的水準才行。因為對花錢享受服務的顧客而言，店員是不是「菜鳥」都與他無關。即便是菜鳥，只要受過徹底的模仿訓練，就能在短時間內達到一定的水準。沒辦法達到這個水準，是因為店長覺得「菜鳥能做到這個程度就夠了」、「菜鳥辦不到」、「只要會得差不多就行了」。

那麼，該如何「徹底地模仿」，才能讓菜鳥接近老鳥的水準呢？

答案就是「運用影片」。先將老鳥的動作或說話技巧拍攝下來，再讓菜鳥重複觀看影片，並且徹底地模仿。這還沒完。接下來要把菜鳥的動作或說話技巧拍攝下來，然後比較老鳥和菜鳥的影片。這種做法才是真正的「模仿（modelling）」。

做到這個程度後，菜鳥便會「察覺」老鳥與自己的差異。察覺之後，他們就能在短時間內達到相當高的水準。

某間泥匠工程公司就是運用這個方法，讓菜鳥在短時間內學會原本要學十年的泥匠技術，短短一年左右就鍛鍊到可獨當一面的水準。餐飲業與銷售業也可以使用這個方法。

16「以對方為中心」從而察覺——時時站在對方的觀點或立場，就能看見自己的問題

「站在對方的立場想一想。你會察覺不同的一面。」

我們基本上都是「以自我為中心」思考。大家常說的「為了對方好」這句話，其實是「把自己的想法強加在對方身上」。因為有些時候，那並不是對方的期望。乍看像是「站在對方的立場」，標準卻在自己身上的情況其實很常見。

如果以自我為中心，不僅察覺不到對方的心情，也會無法察覺「他人是如何看待自己的？」、「對方或周遭人對自己有何想法？」這些重要的事。當然，擁有自己的想法或標準是非常重要的。不過，我希望各位明白，凡事不能只用自己的想法或標準看待。

舉例來說，有店長出於好意，給沙拉淋上滿滿的沙拉醬再送上桌，結果卻有顧客反應「我正在減肥，所以希望沙拉醬的量減半」。這位店長很講究沙拉醬，對於精心調配的滋味很有自信，所以才想提供大量的沙拉醬討顧客歡心。

但是，就算滋味再怎麼可口，對於想盡量避免攝取沙拉醬所用油脂的顧客而言，反

而是種善意的困擾。這位店長沒有注意到這件事。如果站在對方的立場注意到這點，或許就能以更好的方式提供沙拉醬了，例如「將沙拉醬裝在另一個容器裡提供」、「另外準備沒添加油脂、給減肥者食用的沙拉醬，詢問顧客要哪一種醬料」等等。

再強調一次，我們基本上都是「以自我為中心」。若是以自我為中心，就會以自己的想法作為標準。假如自己與對方的想法完全相符，當然就沒有問題。但若是不相符，這就有可能成了失去該名顧客的關鍵因素。千萬別忘了，以自我為中心的話，就會察覺不到「對方的想法」。

「以對方為中心的觀點」，能幫助我們察覺許多「以自己為中心的觀點」察覺不到的事。關於這個部分，本項寫不下的內容就留到接下來的「第4章」詳細說明。

第4章

運用以對方為中心的觀點

……其實我們不瞭解自己

如何察覺自家店鋪的問題？

❶要有「自己察覺不到自己的問題」這個自知之明——自我評價與他人評價截然不同

「叫別人要更認真地聽他人說話，可是自己卻忍不住說個沒完……。」

說來丟臉……一打開話匣子，我就會滔滔不絕說個沒完。

更丟臉的是，我好歹是教練法的專家，平常總是建議他人「聆聽比說話更重要，要更加仔細地聽別人說話」。

結果自己卻沒做到……真的很丟臉。

對於他人的事，即便是瑣碎小事我們也會察覺，並且指出這個問題。但是，我們卻沒察覺，指出的問題其實也發生在自己身上。

就算察覺他人的問題，假如點出問題的自己也做出同樣的事，那就一點說服力都沒有了。

不只自己，自己負責管理的店也一樣。你是不是能察覺其他店鋪的問題，卻很難注意到自家店鋪的問題呢？

我們看不清自己的問題。因為我和你都是嚴以律人，寬以待己。不消說，我們都以為自己有做到，建議他人應該要做的事。

可是，大部分的人都沒察覺，自己其實對自己的問題視而不見。

既然如此，該怎麼做才能注意到自己的問題或課題呢？

我是請周遭的人提醒我，「自己並不瞭解自己」這項事實。要注意到自己對自己的問題視而不見，最好的辦法就是請教一直在身旁看著自己的人們。

話雖如此，突然要求對方「請告訴我我的問題」，周遭的人也會很為難。因為就算你突然這樣要求，對方一時間也沒辦法相信你。

所以，平常就要抱持真誠接受他人意見的態度，這點很重要。要不然，沒有人願意對你說真話。

❷ 見不賢而內自省——藉由觀察生意清淡的店，察覺自家店鋪的狀態

「這家店的服務員都沒有笑容耶……而且手腳也不俐落，做起事來拖拖拉拉的。收走餐具時態度也很不親切……這樣可不行啊。」

你到其他店鋪消費時，是否有過這種想法呢？

我每次都會暗自這樣評鑑，從中察覺那家店的問題或課題。

我認識的朋友當中也有人性情急躁，遇到待客服務不佳的店時，即使飯才吃到一半也會直接走人。不過，具備察覺力的生意興隆店店長，不會做出這麼浪費的行為。就算不小心踏進這種充滿問題的店，他們也不會白白浪費這段經驗。

他們會自問自答，嘗試從這種糟糕的店發掘出「反躬自省的提示」。

為什麼店員不以最棒的笑容迎接上門的顧客呢？

為什麼店員不推薦會讓人忍不住想點的商品呢？

為什麼店員沒察覺杯裡的冰水已經喝完了呢？

為什麼店員不問「餐點合您的口味嗎」呢？

為什麼店員問都不問，就馬上把吃完的盤子收走呢？

為什麼店員不用最棒的笑容送走要離開的顧客呢？

生意興隆店的店長在產生這些疑問時，會先察看那家店的店長與資深店員的樣子。他們會觀察店長與資深店員，對其他店員採取何種態度、露出何種表情、下達什麼指示。問題的原因大多可分成「教育制度與方法」，與「店長或店員的行動與態度」。假如數名店員的動作或作業步驟缺乏一致性，原因就是「教育制度與方法」。假如店員的臉上沒有笑容，原因就是「店長或店員的行動與態度」。

此外，具備察覺力的生意興隆店店長，還會拿那家店跟自己的店比較。這樣一來，他們就會察覺自己的店其實也有問題。然後，著手改善這個問題。

假如你也遇到問題很多的店，千萬別錯過這個難得的機會，一定要仔細觀察喔！相信你會獲得許多察覺。

❸ 真誠接受顧客的意見──經營者的態度能提高員工的察覺力

「服務員是不是心情不好啊？送餐點過來的時候沒有一絲笑容，而且沉默地把餐點放到桌上後就走掉了。專程來這裡用餐，卻見到這樣的表情與態度，總覺得很掃興。實在非常可惜。」

這是某公司收到的客訴信，內容則是關於旗下某間店服務員的待客服務。該名顧客專程到店裡用餐卻搞砸了心情，於是寫信向那間公司表達自己的憤怒與難過。

經營這家店的公司旗下有四十家餐廳。

顧客提供的意見或抱怨，他們不只給總公司與幹部看，也會馬上跟全公司、所有餐廳、所有員工分享。此外，各店的店長也會召開員工會議，討論收到的顧客意見或客訴。

不過，站在店家的立場來看，他們也不是每次都能坦然接受顧客的抱怨。有時他們也會覺得「沒那麼糟糕吧……」、「當時是有原因的……」、「那分明是顧客的錯……」才對。畢竟他們也是人嘛。

我也不只一、兩次覺得「犯不著批評成這樣吧……」。

但是，這家公司的店長們不一樣。他們總是坦然且真誠地接受顧客的意見。

為什麼他們能坦然且真誠地接受呢？

這是因為，經營者對於顧客的意見與抱怨，始終保持一貫的態度。

以總經理為首，這家公司的經營層總是真誠地接受顧客的意見。而且，他們還會不斷向員工分享從顧客意見中獲得的察覺。

如果總經理與經營幹部，總是以真誠的態度接受顧客的意見，店長與店員同樣也會以真誠的態度坦然接受。此外，他們還會萌生「自己也要從顧客的意見發掘出重要訊息」這個念頭。

顧客的意見是寶物。要真誠地接受與重視他們的意見，並且從中察覺許多「生意興隆的機會」或「生意清淡的威脅」喔！

❹重視敦親睦鄰——鄰居會幫忙提醒

「店長~大招牌沒在轉喔~~。」

這是我在麥當勞擔任店長時發生的事。

那天我是值開店早班，也就是早上六點出勤，做好開店準備後準時在七點開門營業。當天有新進店員的早班開店流程訓練，我一面做著開店準備，一面訓練新人，因此準備得有點手忙腳亂。後來到了七點，總算順利開門營業。

我一邊接待上門的顧客一邊處理店務。

到此為止一切都進行得很順利，但後來鄰居突然跑進店裡說了一句話，我頓時陷入非常丟臉又尷尬的窘境。

鄰居說的就是開頭那句話。

當時我忙著訓練新人，在有點手忙腳亂的狀態下開門營業，所以沒有多餘的心力在開店前先檢查店外周圍。結果我沒察覺，自己忘記啟動高十七公尺的旋轉招牌（T霸招牌）了。

雖然是單純的失誤，但店長準備開門營業時，居然忘記打開招牌的開關，這根本是不及格的行為。假如上司剛好在這種時候來到店裡，肯定會大發雷霆吧。姑且不論上司，顧客要是看到平常會旋轉的招牌靜止不動，說不定會覺得「是不是還沒開始營業啊？」，或者也有可能打消念頭直接回家。給顧客造成困擾、害業績下滑……身為店長，這真是丟臉到極點的失誤。

幸好，當時有「鄰居」幫助了我。

我在這家分店盛大開幕之前就問候過附近鄰居，開幕之後無論要做什麼也都記得先跟他們打聲招呼。這個舉動發揮了效果，我們跟鄰居不曾發生任何糾紛，一直保持良好的關係。當天鄰居會來告訴我招牌忘記啟動，也是多虧了這層關係吧。如果希望鄰居能夠提醒自己，平常就要敦親睦鄰，與他們保持良好的關係。我上了非常寶貴的一課。

❺實施神祕客調查——就算是有點過分的嚴厲意見，依舊能從中獲得察覺

「這家店的店員，打招呼的方式完全不及格。不僅沒看著顧客的眼睛，臉上也沒有笑容，給這樣的人接待與服務，完全讓我不想再來第二次。真是糟透了！」

這是某間調查公司對某家店實施「神祕客調查（mystery shopping research）」時，調查員在報告中留下的評語。當時那份報告，對於其他的調查項目也全都給予非常嚴厲的評語，遭到調查的那家店店長非常難過，也覺得很遺憾。後來，那位店長這麼對我說：

「看到這種評語，再怎麼努力也會失去幹勁。被點名的店員是個菜鳥。他的服務水準確實還很低，但也用不著說成這樣……。」

我很瞭解店長的心情。

雖然這是由顧客進行的調查，但被批評得一無是處，不僅心情會不好，也會失去幹勁。不過，「具備察覺力的生意興隆店店長」，這種時候的看法卻不同。他們會這麼想：

「哎呀～～，被批評得一無是處呢。不過，我們害顧客有這種感受，實在很不好意思。畢竟我們是專業的嘛，而且在顧客眼中，店員沒有菜鳥與老鳥之分。接下來就把服務水準提升到能讓顧客非常開心的程度吧！這次指出的問題，是店員不看顧客的眼睛以及沒有笑容對吧？全體店員就先練習這兩件事吧！」

每家調查公司實施神祕客調查的做法都不一樣，但無論是何種調查，調查員都不是知曉內情的公司內部人士，他們是以顧客的身分誠實地給予評價。不管評語的內容如何，這都是顧客的真實心情。正面看待顧客的真實心情，「察覺成長關鍵」同樣是提高「察覺力」的機會。

❻實施員工滿意度調查——藉由不記名問卷，察覺店員的「工作滿意度」

「請問你『想繼續在這家店工作』嗎？」

我在主持店長培訓時，一定會在課程的一開始進行「員工滿意度調查」。目的是為了確認負責接待顧客的店員，對自身工作的滿意程度。因為店員若是「對工作不滿意」，他們的服務自然不可能讓顧客滿意。

這份問卷採不計名方式。先在員工會議之類的場合請店員填寫問卷，再由區域經理回收填完的問卷。另外，填寫問卷時，會請店長暫時離開現場。在這種不受干擾的環境下做問卷調查，店員才會寫出真實的心情。當中也有非常嚴厲，但又相當正面的意見。基本上，店員都很喜歡自家店鋪。不過，喜歡歸喜歡，他們也不是每次都能認同與滿意公司及店長的想法或行動。

既然要求店員採取能讓顧客滿意的行動，就得察覺他們的真實心情，這點比什麼都重要。

只要是「為了打造出能讓顧客更加滿意的店」，而真誠仔細地聆聽店員的心聲，店員一定會認真作答的。

店長或總公司針對問卷提出的課題進行改善後，店員就會採取能讓顧客滿意的行動。若想打造能讓顧客滿意、還想再上門光顧的店，就要設法察覺在店裡工作的店員心聲喔！這樣一來，業績肯定會變得更好。

順帶一提，開頭的問題，是本公司獨家提供的員工滿意度調查問卷其中一題。關於員工滿意度調查，拙作《讓人想繼續共事的店長具備的簡單習慣》（同文館出版）中有詳細說明。想進一步瞭解的人，請務必閱讀這本書。謝謝。

❼試試三百六十度回饋——察覺自我評價，與下屬、同事、上司給予的評價有何不同

「總是把個人需求擺一邊，以團隊的需求為優先。」
「建立了成員能夠互相砥礪的有效團隊。」
「時常尋求他人的意見，提升自己的技能。」

以上是我為經營店鋪的企業主持店長培訓時，所實施的「三百六十度回饋（領導力調查）」其中幾個題目。※總共四十題。

三百六十度回饋是從下屬、上司、同事等各種角度，評估店長的領導能力。

有時「店長自認為有留意並實行的事，下屬卻完全看不出有在實行」，不過只要運用這項調查，這個落差就一目瞭然了。另外，店長自認為完全不及格的部分，也有可能反而獲得周遭的高度肯定。由此可見，我們其實一點也不瞭解自己。

不過很遺憾，我們並不怎麼喜歡他人評論自己的領導能力。如果上司點出課題，我們便會覺得「這是自己的做法」而心生抗拒；如果同事指出問題，我們便會覺得「不用你管」而充耳不聞；如果下屬提出意見，我們便會覺得「你懂什麼」。而且，我們不會去改變或改善之前的領導能力。

雖然我們如此頑固，但同時遭到上司、同事、下屬的全方位評鑑還是會招架不住。只不過，來自各個角度的評價不見得都一樣。但是，這個「差異」能讓我們察覺，自己有多麼不瞭解自己，並且注意到立場不同，看法也全然不一樣。

特別是下屬與同事，平常他們都會非常仔細觀察領導者的小細節。對於矛盾之處，更是相當嚴格地檢視。

要成為生意興隆店的店長，就得發揮毫無矛盾的領導能力，以及能獲得下屬或團隊成員敬意與信賴的領導能力。

雖然讓人有點害怕，不過「三百六十度回饋」的成效相當顯著。

8 不要劈頭就否定
——如果先否定下屬的意見，他就不會報告好不容易獲得的「察覺」

「這個有點不對耶。這種事怎麼可能辦得到！你在想什麼啊？」

有些人在聽別人說話時，總是「劈頭就否定」。

這種人非常想藉由否定對方的想法，讓對方知道自己的想法才是「正確的」。如果你是這種劈頭就否定的人，你就無法成為具備察覺力的生意興隆店店長。這是因為，劈頭就否定的人，他們並不想去瞭解對方意見背後的真實心聲或想法。因此，他們不會察覺到重要的事物。

舉例來說，某間連鎖店發生過這樣的情況。

該公司的幹部，採取的是非常注重上情下達的領導風格。店長在店長會議上報告時，他總是非常嚴厲地斥責、否定報告內容。

另外，對於提議或意見，他也多半持反對意見。

他的否定確實一針見血。就某個意義而言，他並沒有說錯。事實上，店長的意見或提議大部分都難以實現。

可是，因為他總是劈頭就否定，店長們開始變得越來越畏縮消極。

「反正都會遭到否定，不說就不會挨罵，自己也能安全過關。」

結果，店長們紛紛轉而抱持這種態度。於是開會的時候，就算幹部徵求店長的意見也沒人舉手發言。店長們平常都在第一線，看、聽、接觸顧客的意見、反應、狀況。這些都是非常真實且重要的活資料。

但是，店長們總是遭到否定而變得畏縮消極，不再向幹部提供這些重要的資料。因此，就算擬訂與實施的對策跟第一線或顧客之間有所落差，幹部與總公司也渾然不知。

這樣當然不可能成功。

最後，這家公司的業績就此每況愈下。

對於他人的意見或提議，若是習慣劈頭就否定，下屬就不會再提供資訊了。如此一來，上司就會錯失獲得察覺的機會。

你是不是這樣的上司呢？

❾讓店員暢所欲言——有時「真心話」就藏在大聊特聊之後

「你已經把想說的話都說出來了嗎？可是我覺得你好像還沒說夠……不妨繼續說下去吧？」

身為商務教練的我，有時會在教練面談的最後說出這句話。

實施教練指導的期間，下屬或客戶會努力說出自己的所有想法。絕大多數的人在接受教練指導時，能在努力表達想法的過程中，自行得出自己在尋找的答案。因為說得越多，越能從自己心中導出自己正在尋找的答案。

只要不是必須克服巨大障礙的問題，基本上都可以靠這個方法找到答案。不過，想解決難度有點高的問題時，如果是靠自己得出大概能夠接受的答案，心裡難免還是會有些不舒坦。

這樣不能算是察覺真正的答案。

教練雖然能根據對方的聲調或表情，判斷他是不是還沒完全接受，但沒辦法知道是什麼東西令他介意。因此，我才會提出開頭那個問題。

上司與下屬的面談也可說是一樣的情況。就算下屬盡情說出自己的想法，有時仍會覺得對方好像還在介意著什麼。這種時候，請試著提出開頭的問題。假如下屬心中仍有令他在意的事，應該就會回答「其實……」並且繼續說下去吧。

當然，對方也有可能回答「不，沒事」。這種時候，只要持續觀察一陣子就好。對方若感受到你的關心，應該就會吐露未盡之言吧。切記，對方的真心話就藏在「談話之後」喔！

⑩ 接受教練指導——察覺自己心中的真心話

「經過剛才的談話，你自己有沒有察覺到什麼呢？」

如果你想察覺下屬的真心話，或是希望下屬察覺自己的真心話，建議你可以先從「接受教練指導」著手。

跟歐美相比，教練指導在日本似乎還不怎麼普遍。不過，教練法中的「跟自己對話」是很棒的溝通，能幫助自己獲得有關心態調整或優先順序的重要察覺。

之前我在日本教練法權威開設的「Coach 21（現名Coach A）」學習教練法，後來更考取專業教練資格並展開活動，因此對教練法的效果有深刻的體會。

此外，我本身也接受過專業教練的指導。

我接受教練指導的目的與效果，就是強行揭開自己不自覺隱藏起來的「辦不到的藉口」。聽到我這麼說，大部分的人都會問：「既然這樣，你自己揭開不就好了？」但我的問題就是沒辦法做到這件事。

雖然我總是很神氣地要求別人「去想出辦得到的方法，而不是辦不到的理由」，但自己卻動不動就拖延或是找藉口。

引導寬以待己的我察覺到真心話並且說出來的人就是教練。

回答他們提出的簡單問題，能夠使我將自己心中的真正想法化為言語說出來。

於是，我便注意到自己總是在找藉口，此外也察覺克服這個缺點的方法。

這種教練指導對店長也非常有效。另外，店長本身學會教練技能的話，也能對業績的提升帶來難以估計的成效。如果想栽培能發揮察覺力的生意興隆店店長，教練法是非常有效的手段。

第5章

靈活運用五感……「察覺力」的運用方式

① 驅使五感——直覺沒法學，但五感可以

❶「不要思考！要去感受！」這種厲害的事，我們做不來

「不要思考！要去感受！」

李小龍的粉絲應該都對這句經典名言不陌生。

另外，《星際大戰》中的尤達大師，也對進行絕地武士修行的主角說過同樣的話。這句話的意思是「不要東想西想，要敏銳地察覺細微的動靜！」，但遺憾的是，這麼厲害的事，像我這樣的凡人是做不來的。不好意思，你應該也一樣吧？

當然，店長若想察覺打造生意興隆店所不可忽略的要點，「感受細微的差異」也很重要，但只憑感覺的話，反而沒辦法具體運用在活動上，也沒辦法告訴店員該採取什麼樣的行動才好。

關於這個部分我將在最後一章詳細說明，總之如果不將「獲得的察覺」運用在「行動」上，打造滿意度更高的店，那就一點意義也沒有了。要運用「獲得的察覺」不能只靠「感覺」，還必須將之化為具體的「詞彙」、「動作」、「形態」等等。因此需要「一面思考一面採取有助於察覺的行動」。也就是說……

「只靠感覺是不行的！必須更具體地思考與行動！」

就是這樣。

雖然聽起來一點也不像名言，但既不是功夫明星，也不是絕地武士的我們若想獲得「察覺力」，「思考」是很重要的。

那麼，我們要「思考」什麼，又該怎麼「思考」呢？

答案就是「思考運用五感的方法」。

我就從下一節開始，逐一為大家詳細解說吧！

❷ 不是單純的「看」，要「觀察」、「看顧」、「診察」；不是單純的「聽」，要「聆聽」

「不要看！要去觀察！」
「不要聽！要去聆聽！」

這不是某人的名言，而是我用李小龍那句臺詞照樣造句。

我們所運用的五感，分為「視覺」、「聽覺」、「味覺」、「嗅覺」、「觸覺」。其中的「視覺」與「聽覺」，即是「看」與「聽」。雖然廣義來說這兩個詞分別代表看與聽，但目的與深度其實會隨著使用的漢字而有所差異。

以「看」為例。

日文的看（みる）通常寫做「見る」，但查字典會察覺除了「見る」之外，也可以寫成「観る」、「看る」、「診る」。

「観る」是指「觀察」、「觀光」。看手相也是使用這個「観る」。總之它的意思就是「仔細察看」。

「看る」是指「看顧」，也就是「照顧」的意思，例如看顧病人。

「診る」是指「診察」，這是醫療用語，例如診察病患、診脈。

儘管「看」有這麼多的寫法與意思，不過為了提高「察覺力」所採取的「看」之行動，主要是指「觀察」，也就是「観る」。本書雖然不使用「看る」、「診る」這兩種寫法，但是就「謹慎觀看」這個意思來說，「看る（看顧）」與「診る（診察）」也都是「獲得察覺」所不可或缺的「看」。

至於日文的「聽（聞く）」，也可以寫成「聴く（聆聽）」與「訊く（詢問）」。若想提高「察覺力」，需要的不是「聽見聲音」這種單純的「聽」，而是「仔細聆聽」的「聴く」，以及「詢問為什麼」的「訊く」。關於這個部分，稍後我會再詳細說明。

❸ 即便是「看不見的東西」、「若隱若現的東西」，也一定會有看得清楚的部分

「要察覺顧客的心情。」

店鋪的經營現場時常可以聽到這句話。

得知「顧客的心情」確實非常重要。但是，要怎麼做才能察覺到呢？大多數的店長都不曉得「察覺顧客心情」的方法，因為沒人教導他們。

那麼，該怎麼做才能察覺到「心情」，這種存在於心中的東西呢？答案很簡單。

之所以看不見，是因為我們覺得「存在於心中的東西看不見」。

「心理的變化」一定會反映在身體的表面上。因此，我們只要「觀察」表現出來的變化就行了。

舉例來說，如果座位區有顧客露出詫異的表情，你應該會覺得「他怎麼了？」對吧。這是就「經由觀察而察覺」。

如果一大早來上班的店員沉著一張臉，你應該會覺得「出了什麼事嗎？」對吧。這也是「經由觀察而察覺」。

「看不見的東西」，必定有另一種形態的「看得見的部分」。

「難以看見的東西」，只要換個觀點或移動一下就能看見。

「若隱若現的東西」，只要仔細觀察，一定能碰上露出尾巴的瞬間。

就算不是「心理」這種「難以瞭解的東西」也一樣。

即使是「氣氛」、「溫度」、「天花板裡面」、「桌子背面」這類無法直接看見，或是難以看見的東西，也一定會發出某種訊號。

只要能掌握到訊號，就能看清楚這個東西。

「訊號」會以各種形態來表現。

有可能是「表情的變化」，也有可能是「溫度計的顯示」。有可能是「定期檢查的結果」之類的東西，也有可能是「用手摸摸看就知道」的東西。

無論如何，就算是「乍看似乎看不見的東西」，也必定有辦法可以看見。
只要能夠「看見」，我們就能夠「察覺」。
從下一節起，我就拿具體案例來解說五感的運用方式。

② 提高觀察力仔細察看

❶ 觀察杯子的傾斜角度——杯中物的剩餘量可經由飲用時杯子的傾斜角度來察覺

「不好意思～～請給我冰水！」

這是餐飲店座位區常見的景象。

除非是自助式餐廳，要不然只要跟外場服務員說一聲，對方就會再幫你倒一杯免費提供的「冰水」。

假如是在店員很機靈的餐飲店，當杯裡的冰水變少時，用不著顧客呼叫，店員就會先注意到並詢問「您要加冰水嗎？」，然後幫顧客倒冰水。

不過，這個世上也有許多店員不機靈的餐廳。如果是這種店，顧客必須呼叫，店員才會過來倒水。雖然只是一杯免費提供的冰水，但光是這點小差異就能令餐廳的印象明顯變差。

那麼，機靈的店與不機靈的店有什麼不同呢？

兩者都會告訴店員，「顧客的冰水若是變少就要加水」吧，不過差別在於「說明方式」。

如果是不機靈的店，店長只會單純告訴店員「冰水若是變少就要加水」。

如果是機靈的店，店長則會告訴店員「要看顧客喝水時杯子的傾斜角度，而不是看杯裡的冰水有沒有變少。假如你看到杯子呈看得到杯底的角度，這時就要馬上過去詢問並幫顧客加水」。

只要採取「讓店員經由觀察而察覺」的說明方式，就能讓店員在顧客喝完冰水、茶、酒、果汁等飲料之前，注意到該幫顧客補充了。「在顧客打算續杯之前，先察覺到這件事並立刻行動」——兩者的差別就只是這樣而已。以時間來看，這不過是幾分鐘的差距，不，說不定只有幾秒鐘而已。可是，這個小差距卻會使人產生「這家店感覺不錯，還想再來」這種印象。

光靠單純的「看」，是無法察覺造成這個差距的「觀點差異」，必須經由「觀察」才能察覺。

❷觀察顧客的動作──察覺顧客的「冷熱訊號」

「您好，我們有準備膝上毯，請問您需要嗎？」

我經常搭飛機出差，這種時候常會聽到空服員說這句話。她們會提供膝上毯給覺得機艙內很冷的乘客。

空服員所受的教育，要求她們主動詢問可能需要膝上毯的乘客，所以她們才會機靈地這樣詢問乘客。那麼，換作是餐飲店呢？

餐飲店的空調也跟飛機一樣，有些顧客會覺得冷，有些顧客反倒覺得熱。每個人的體感溫度都有點不太一樣，所以很難配合所有的人。

這種時候，通常只要跟店員說一聲，他們就會幫忙調整冷氣的溫度、風向、風量，或是提供膝上毯。

但是，具備察覺力的生意興隆店店長不一樣。他們會指導店員「在顧客要求之前就先察覺」的方法。

某家義式餐廳的店長為了「隨時都能知道戶外溫度」，便在店外設置溫度計並要求店員注意溫度。目的是為了在顧客進入店內時，能夠「先知道顧客是在什麼狀態下上門光顧」。另外，店長也指示店員，觀察顧客所說的第一句話，以及就座時的情形。這個方法很簡單吧，因為只要觀察有無擦汗、披著外套等表情或動作就行了。

只要像這樣記得「觀察」，並瞭解「要觀察什麼」，就能及早察覺顧客的「尚未說出口的要求」。也就是說，能在顧客提出要求前先採取行動。

機靈的店員，是由講究「迅速察覺，及早回應顧客要求」的店長鍛鍊出來的。

③ 觀察剩菜——經由剩菜察覺顧客的評價或需求

「看起來很忙呢！我去洗滌區幫忙一下吧！」

某間連鎖餐飲店的年輕總經理來店裡視察時，經常會到廚房的洗滌區幫忙。忙得不可開交的時候，即便是總經理也得立刻下去幫忙，這間公司的作風就是如此。

不過，再怎麼忙碌，店面還是有店面的作業程序。

就算總經理以前曾在第一線服務，要是他突然站外場，或是在廚房發號施令，勢必會害現場陷入混亂。這樣一來等於是在幫倒忙。

這位年輕總經理十分明白這個道理。因此，他才會選擇到最不會妨礙店員，但是又

「能夠察覺某件事」的洗滌區幫忙。

總經理進到洗滌區後，就捲起袖子、穿上圍裙，再把送來的餐具放進洗滌槽的熱水裡。這時他會仔細觀察「剩菜」。

「沒吃完的是哪一道餐點？」

「沒吃完的量有多少？」

「剩下來的是醬汁嗎？還是主要食材？」

他會思考這些問題，並且記住這些資訊，等店裡不忙後，再向店長或主廚反應這件事，並與開發菜單的負責人或促銷負責人檢討改善。

這位總經理表示，「剩菜是顧客的無聲意見」。

當然，沒吃完也有可能是顧客個人的緣故。所以，他並非只看一、兩盤而已，幫忙的期間他會仔細觀察許多盤剩菜。這位總經理就是透過這個方式，察覺「顧客的反應」、「滿意度」、「要求」。由此可見，就連洗滌區也能獲得許多察覺。

❹ 觀察顧客入店前的視線──察覺路過的顧客有什麼喜好與興趣

「這是北海道十勝生產的『玉米』，名字叫做『淘金潮』，是甜度超高的品種。這種玉米是由名為十勝野的農家組織，秉持『種出美味蔬菜』這個理念栽培出來的。吃起來真的很甜，簡直就像水果一樣！只要咬一口，嘴裡就會充滿甜甜的果汁喔！」

札幌的某家烤雞串店。

這家店的店長察覺，經過店前的顧客，視線突然落在印有這種「玉米」的海報上。於是店長就在這個瞬間，自然且熱情地向顧客介紹起他（可能）感興趣的「玉米」。

餐飲店時常對著經過店前的路人「吆喝」。

這樣一來，就能讓路人感受到店家的營業感與活力，最後顧客便會決定「哦！過去看看吧」，或是「今天就選這家店吧」而走進店內。

不過可惜的是，大部分的餐飲店店員，吆喝時只會說「您好～～要不要進來坐坐呢～～」。就算多花一點心思，頂多也只會說「要不要在回家之前，來杯冰冰涼涼的啤酒呢～～」。

當然，就算只做到這種程度，也比不做來得好。

面帶笑容精神奕奕地吆喝的店家，能夠保持還不錯的業績。

不過，像開頭的烤雞串店店長那種、具備察覺力的生意興隆店店長，他的吆喝就跟其他店家截然不同。與其說他是在吆喝，感覺更像是「爽朗的招呼」、「懇切的提醒」。而且，因為他的「提醒」是在切中路人心情的時機，告知正中紅心的內容，才能非常順利地吸引路人走進店內。

這正是「觀察顧客的視線，察覺『是什麼東西引起顧客的興趣』的能力」。

他並非只是單純招攬顧客，而是從顧客所看的海報圖片，掌握到顧客的興趣或需求，然後予以符合興趣或需求的「提醒」。

於是，顧客就會非常想吃那種「玉米」。

⑤ 觀察吃下餐點那一刻的表情——透過這個瞬間的顧客表情察覺評價

「不好意思！請問怎麼了嗎？有什麼問題嗎？」

這是我在麥當勞打工時看過的、教育訓練影片的其中一幕。

舞臺在美國的麥當勞。畫面中可見一名身材壯碩的男子坐在座位上，正要吃買來的大麥克。這家分店的店長，則站在外場角落一直看著那位顧客。然後，就在那名顧客大口咬下大麥克的瞬間……店長沒有錯過顧客當時的表情。他立刻來到顧客旁邊，詢問開頭那句話。

原來是這位顧客覺得，大麥克吃起來比平常涼了一點。因此，以往都笑咪咪的表情才會立刻沉了下來。

而這家分店的店長，並沒有錯過這個瞬間！

餐飲店絕大多數的問題都發生在店內。

例如：點的餐點遲遲不送來；請店員補充冰水對方卻忘了；送來的餐點涼掉了；店員沒先問過顧客，就立刻把吃完的空盤子收走……等等。

發生在座位區的糾紛，通常一開始都是令人有點煩躁，或是讓人覺得「奇怪？」的小問題。後來會演變成大問題，則是因為在店員注意到問題之前，顧客就已經忍到極限了。

不消說，沒有任何糾紛是做生意的標準，但既然做事的是人，就免不了會發生某種失誤或疏漏。因此重要的是，要及早察覺問題，並且迅速解決問題。

教育訓練影片中的店長，在顧客露出詫異表情的瞬間就察覺到問題：看來是大麥克冷掉了。他立刻趕到顧客身邊，正面面對問題。就是要這麼做，才能將問題控制到最小。火種一定要趁火還小時撲滅。因此，店長要仔細觀察顧客的表情，「迅速察覺問題」，這點很重要。

❻ 人氣美容師都會暗中觀察——藉由暫時離開來察覺顧客的真心話

「瀏海的部分是不是有點不滿意呢？」

東京的某間美容院。

光顧這家店的顧客，都非常滿意造型師的剪髮技術，而且幾乎百分之百都會再來這家店。

生意很好的美容院，回頭客當然不少。因為造型師能剪出自己想要的髮型，顧客完全信賴造型師，所以不需要去其他的美容院。

不過，就算在美容院剪好、弄好漂亮的髮型，如果回到家後察覺不滿意的地方，之後顧客就會一直在意得不得了。因此，造型師通常會希望，能把顧客不滿意的部分徹底修正好，讓顧客能夠放心地回家。

但是，當造型師剪完頭髮，詢問顧客「您覺得這樣可以嗎？」時，大部分的顧客都會顧慮到造型師而回答「啊，這樣就好」。除非是相當心直口快、直言不諱的人，否則幾乎沒有人會要求造型師做細微的修正。

普通的造型師見到顧客的這種反應就會放心，然後結束服務。反觀具備察覺力的生意興隆店造型師，則會使用某種方法引導顧客說出真心話。

剪完頭髮之後，他會先暫時離開現場，讓顧客獨處。

如此一來，顧客就會立刻伸手去摸不滿意的地方，並透過鏡子察看那個部分。懂得察覺的造型師，就躲在柱子後面觀察顧客的舉動。回到顧客身邊時，他便詢問開頭那句話。由於真實想法被看穿了，這時顧客就能放下心來回答「這邊有點不滿意」。

只要像這樣經過細微的調整，顧客回家後就很難察覺不滿意的地方。

如果遇到這種「懂得察覺的造型師」，下回也能放心把頭髮交給他來剪吧。

7 觀察店員一大早的表情——經由表情、聲音、姿勢等等，察覺內心的細微變化

「A，早安！奇怪？你怎麼了？精神看起來有點差耶！」

這家店的店長，每天早上都會在店員來上班時，迅速掃視店員的全身上下。然後，從店員的表情或攜帶的物品，察覺到跟平常略有不同的「差異」。

店員並非每天都處於相同的狀態。心情天天都有細微的變化。

原因有可能是「工作」造成的影響。

或者有可能是「私底下」的人際關係、學業或嗜好造成的影響。

另外，店員也會有身體健康或身體不適、心情愉快或心情不好的時候吧。

具備察覺力的生意興隆店店長，都會設法察覺下屬或店員的這種細微差異。我在第3章也提到「注意店員服裝儀容的變化很重要」。假如服裝、髮型或飾品出現明顯的變化自然看得出來，另外細微的表情差異、聲調、姿勢也都會反映出心情的變化。

某位醫師會觀察患者進入診間時的走路姿勢，作為診察的參考依據。因為醫師已經看過許多患者，能夠從走路姿勢找出病因。雖然店長不是醫師，但每天關心店員，觀察他們的表情、聲音、姿勢，一樣能在發生變化時看出差異。

就算我們沒辦法做到「診察」，還是能做到「觀察」。

每天觀察店員，一定能掌握到店員的變化。

只要注意到店員的變化，就能使他們產生「店長很關心自己」、「店長很仔細觀察自己」這樣的安心感，繼而產生信賴。

你也要每天仔細地觀察店員的樣子喔！

3 站在對方的立場觀察

❶ 顧客觀點——開門營業前先試坐幾個座位，以顧客觀點觀察能看到什麼來察覺問題

「開門營業前先試坐所有的座位。如此一來，就能看見只有顧客才會注意到的部分。」

這句話出自某家餐廳的老闆。他總是在開門營業之前，先以「顧客觀點」環視店內，努力找出「顧客才會注意到」的重要部分。

舉例來說，非營業時間在自家店鋪的座位上做事或是休息時，你總是坐在同一個座位上嗎？假如沒特別留意，我們通常會不自覺坐在同一張桌子的同一個座位上做事或休息。

以前我當店長時，也是每次都坐在固定的座位上。

每當我要在空無一人的座位區，使用電腦做什麼事時，總是選擇坐在自己喜歡的位置上。而且，此時看到的風景每次都一樣。

這是當然的吧。畢竟坐在同一個座位上，每次看到的事物自然都是一樣的。

可是，前述那位老闆不一樣。他每天都坐在不同的座位上做事，每天開門營業之前，也會從不同的地方環視店內。

於是，他察覺坐在某個座位，冷氣會吹到身上，感覺很冷。

另外，坐在某個座位，能把廚房的情況看得一清二楚。

坐在某個座位，可以看到擺在地上的廢油……。

坐在某個座位，看得到垃圾袋……。

坐在某個座位，察覺桌子或椅子有搖晃、破損或髒汙等問題。

這些狀況，必須坐過所有座位才會察覺。

所以，非營業時間做事時總是坐同一個座位的店長，以及開門營業之前不檢查所有座位的店長，就不會察覺這些狀況。

顧客入店前、就座、離店後……每個階段都攸關當日的業績，以及明日的業績。這是具備察覺力的生意興隆店店長，每天一定會實踐的重要例行公事。

❷ 兒童觀點——有些地方，小孩才會去摸、才看得到

「擦桌子時，不能只擦桌面，背面和側面也要擦喔！」

這是我在麥當勞工作時，前輩提醒我的話。

「桌子的背面與側面也要擦」。

你認為這麼做的目的是什麼呢？

其實，這是為了將兒童客有可能弄髒的部分擦拭乾淨。小孩子往往會弄髒超乎大人想像的地方。事實上在麥當勞，小孩使用過的桌子背面或側面，常有蕃茄醬或口香糖沾黏在匪夷所思的地方。

我們是大人。因此，我們會採取大人的行動，具備大人的常識與觀點。

但另一方面，我們已經忘了小孩的行動、常識與觀點。如果忘記了，就會「看不見」。也就是說，我們不會注意到小孩通常會摸，有時甚至會咬的地方。

假如沒注意到小孩的行動或常識，店內的物品髒了或壞了也沒處理，那麼察覺這些問題的成人客，就會對店家的衛生產生壞印象。不只如此，小孩對店家的印象也會變差。因為「衛生」與「整潔」，對小孩的「滿意度」有很大的影響。

不光是座位區的桌子。

椅子、通道、廁所、出入口的門板以及垃圾桶也是，大人與小孩的行動、常識及觀點全都不一樣。

如果你想成為具備察覺力的生意興隆店店長，就不能忘了「兒童觀點」。

因此，要以「小孩的感覺」，檢查所有的地方喔！

❸ 店員觀點——有些事只有直接接觸顧客的店員才會察覺

「對了，顧客好像看不太清楚菜單。」

「點披薩的顧客，大多會說『想加辣油』。」

店員是直接接觸顧客的人。

他們近距離觀察顧客的狀況，直接聆聽顧客的要求。

具備察覺力的店長，會想辦法將顧客的狀況或要求匯集到自己手中。

一般而言，如果是「客訴」，大部分的店一定會向店長報告對吧。但是，顧客的小舉動、要求或問題等等，通常接待的店員就能自行解決，而這件事就到此為止。

具備察覺力的店長，為了讓自己也能接收到這類資訊，有些人會跟店員寫資訊交流筆記，有些人則是透過面談聽取資訊，也有店長會直接詢問店員。因為他們知道，這類資訊是「生意興隆的點子」。

某間燒烤餐廳的店長，遇到雨天時會先請顧客把傘給他，將雨水甩乾淨後，再把傘裝進塑膠傘套裡送到座位上。這種貼心服務，讓顧客既吃驚又感動。

這項服務的誕生，要歸功於某位店員對顧客的觀察。

有些顧客很怕把溼答答的雨傘插在入口的傘架裡，我也是如此。因為傘架裡若有許多相似的雨傘，有可能會不小心拿錯。因此，最近有越來越多的店家會準備傘套。不過，這家餐廳還多了一道手續，就是由店員把雨傘裝進傘套裡。這是因為有店員反應，曾看到顧客裝傘套把手弄得溼答答而覺得困擾，才會採取對策提供這項服務。

店員能夠從顧客的狀況或對話獲得許多資訊。

積極運用這類資訊，不要讓它就此流失，便能從中得到重大的察覺。生意興隆的點子，就掌握在店員手中。

❹ 上帝觀點——觀察應該沒人會注意到的細節

「廚房後門的門板下方有鞋印耶。看起來很髒，請把它擦乾淨。」

某家百貨公司餐廳樓層裡的某間中華料理店，店長非常講究店面的整潔。

以「廚房後門的門板」為例。多數餐飲店都不注重維持這種地方的乾淨。根據我的觀察，十家餐廳當中必定有九家，門板因為沾染油漬而變得黑糊糊的。

不過，這位具備察覺力的中華料理店店長，就連這種地方都會仔細檢查。因為他注意到，雖然這是店鋪的後門，但旁邊就是共用通道，顧客也會看到門板上的髒汙。

某間飯店每次清掃時都會挪動床鋪，打掃床底下或背面。雖然住宿客不會刻意去看床底下，但是他們注意到，有時會發生東西掉到床底下，一挪開床鋪卻察覺都是灰塵的情況。

某家眼鏡行則會保持店門口腳踏墊的乾淨。

因為他們察覺……人在行走時不會面向上方，通常都是略微面向下方。因此，要走進店內時，就會看到自動門前的腳踏墊。假如這塊腳踏墊髒兮兮的，顧客上門時印象就會立刻變差。

這些店家都具備「顧客的觀點乃是非常嚴格的上帝觀點」這種心態。

上帝觀點是沒辦法敷衍過去的。畢竟顧客是「上帝」，店家再怎麼隱瞞、矇混，他們也全都能看穿。

店員已看習慣的髒地方，一樣逃不過上帝也就是顧客的法眼。我在第1章也說過，「那種地方沒人會看吧」只是店家的天真想法。千萬別小看顧客，因為他們是「上帝」。

請你務必也要講究與觀察「應該沒人會看吧」的地方。只要注意這種地方，一定能「距離生意興隆的店更近一步」。

5 老鼠觀點——察看與細聽天花板裡面、地板下面與頂樓的設備來察覺問題

「要察看門市的天花板裡面、地板下面與頂樓！要變成老鼠，察看人不會去看的地方！」

這是我在麥當勞擔任營業技術課的負責人時，設計管理部經理這位大前輩對我的指導。

營業技術課是負責廚房機器、空調、排氣、供水與排水這類設備的管理與衛生管理等業務，讓門市可以順利運作的後勤部門。

我是突然從門市第一線，調到這個課擔任負責人的，所以並不具備這個領域的專業知識。於是，我便向負責店面規劃與建設的專業部門經理，學習專家所具備的知識。

當天，我跟經理一起拜訪分店，學習此時應該檢查什麼、如何檢查。開頭那句話，就是當時他給予我的指導。

他一抵達分店，就踩著梯子爬到天花板裡面，此外也掀起地上的格柵，檢查排水狀況，還到頂樓檢查排氣設備與受電設備。

「只要店長每一季都有做這種檢查，就能在發生問題之前注意到設備的狀態或怪聲。你身為營業技術課的負責人，要指導店長具備這種觀點喔！」

我將經理當天說的這席話銘記在心，努力指導當時負責的一千家分店的店長們，執行「天花板裡面、地板下面與頂樓的檢查工作」，以便及早察覺設備的異狀。

幸虧如此，許多分店在出現怪聲或震動的階段就察覺設備故障的徵兆，並在設備完全停止運作之前維修，我也陸續收到這些分店的感謝之辭。如此一來，就不會給顧客與店員添麻煩了。這同樣是打造生意興隆店不可或缺的重要察覺力。

④ 聆聽：不是單純的聽，要「仔細聆聽」

❶ 側耳細聽尋常無奇的對話——從閒聊中察覺生意興隆的點子

「今天是對面超市的『點數十倍日』喔。」

無論工作期間還是休息期間，店長與店員的對話都是很重要的資訊來源。具備察覺力的店長，會運用這個方法發掘許多「生意興隆的點子」。因為店員們的對話中，存在著許多「生意興隆的點子」。尤其是主婦店員的對話，大多含有跟顧客感受相同的「生意興隆的點子」。

例如，開頭的那句話。

這是某家速食店的主婦店員，在當天開門營業後不久分享給店長的尋常資訊。這家速食店的店長單身，一個人生活，而且是最近的年輕店長當中常見的「不看報紙型」。因此，他並不曉得通常可從報紙獲得的當地超市促銷資訊。不過，這位店長雖然年輕，仍具備一點察覺力，所以他根據主婦店員不經意的一句話，推測「今天的午餐時段生意會很好」，決定提早準備午餐，並要求下午班的打工人員午餐時段就來上班。

他的推斷是正確的。

當天上門光顧的主婦客比平常還多，午餐時段比平常還要忙碌。結果，當天的午餐時段業績比平常多了五成。

如果他忽略了主婦店員的那句閒聊，當天的午餐時段，就會因為人手不足而無法好好接待顧客，給顧客造成困擾而降低滿意度，最後錯失寶貴的業績吧。

這類「與店員之間的尋常對話」，大多含有珍貴的「生意興隆的點子」。能夠從中獲得什麼樣的機會，取決於你是當成「普通的閒聊」聽聽就好，還是當成珍貴的「生意興隆的點子」認真聆聽，兩者有很大的差異。

而且，這種「察覺」的差異一定會化為業績的差距。

❷利用定期面談安排傾聽機會——藉由仔細聆聽來察覺店員的認真

「那麼，A，請你回顧一下，這一個月你是怎麼做的吧。」

某位連鎖烤雞串店的店長，每個月都會固定跟店員進行一次面談。面談內容以「一個月前訂立的目標」、「最後獲得什麼結果」、「為了達成目標，自己做了哪些事？」，以及「根據這次的結果，下個月要以什麼為目標，想要怎麼挑戰？」這些問題為主。

店長對店員提出這些問題，店員則陳述「自我評價」與「下個月的展望」。

話說回來，貴店會舉行「店員面談」嗎？根據我的經驗，大約有半數的店會舉行店員面談。這些店當中，則有一半會定期舉行。

而定期舉行的店當中，每個月一定會舉行的店……大概只剩一半。

很遺憾，會把店員面談變成制度，定期傾聽店員意見的店只是少數派。不過，具備察覺力的生意興隆店店長，一定會將面談變成制度，並且定期舉行。

開頭的連鎖烤雞串店店長，會在每個月的最後一週跟全體店員進行面談。

至於面談時間，一個人大約花三十分鐘到一個小時。原則上店長扮演聆聽者的角色，讓店員自行講述自己的行動與想法，店長則會仔細聆聽店員講述的內容。

其實，這名店長的面談方針之一，就是「不要求反省」。

一般而言，上司常會要求下屬反省。例如進展不順利的事、失敗的事、沒做的事……等等，也有上司會要求下屬，針對這類事情寫「反省書」。

不過，這位店長完全不做這種事，反而要求店員說明「下次要怎麼做」。他就是藉由這種方式，察覺店員本身的幹勁與認真。

只要店長本身察覺到下屬的幹勁與認真，自然就不需要反省了。

❸不要否定，要聽完店員的不平不滿——藉由聽到最後來察覺真心話

「這實在太奇怪了！絕對是我比較努力啊……。」

店員對於「評價」的不平不滿，真是說也說不完。

無論他們是工讀生、兼職主婦還是正職員工都一樣。

如果自己獲得高度肯定當然不會感到不滿，但如果獲得的評價比競爭對手或同事低，就一定會心生不滿。

這種時候，具備察覺力的店長會先「完全聽完店員說的話」。某位外帶便菜店的店長如此表示：

「總之先傾聽，一直聽到對方已經無話可說為止。只要一直聽下去，店員講著講

著，就會注意到自己說的話是以自我為中心。在對方發覺這點之前我都會保持沉默。因為若是中途插嘴，店員就不會注意到了。」

大多數的店長，會在對方講到一半時予以「否定」、表達「意見」或提供「建議」。其實，這種做法是無法讓對方心服口服的。如果硬要辯說或說服對方，面談就會在對方無法接受的情況下結束。這樣不過是「暫時擱置」罷了。最後便會陷入「沒察覺到重要的事」這種令人遺憾的狀態。

只要徹底聆聽到最後，對方一定會說出真心話。

當對方講出真心話後，店長只要問「那麼，你認為怎麼做比較好？」就行了。

不只下屬，任何人都沒那麼容易接受他人的評價。

不過，當事人也知道自己有某個問題，而且也知道那是件相當麻煩的事。所以他才不想碰，並且想怪罪別人。

如果你想打造生意興隆的店，察覺店員們的真心話是很重要的。

只要你察覺他們的真心話，他們也會主動說出「自己該做的事」。感受到你的瞭解後，他們就會放心了。

在那之前，你只要持續扮演聆聽者的角色就好。不需要著急。

在「運用察覺」這件事上，這也是很重要的主題，所以我會在最後一章補充說明。

❹以顧客立場聆聽——打電話預約自己的店，瞭解店員的應對水準

「我想預訂明天下午六點，總共兩位……請問還有位子嗎？」

打預約電話，能夠清楚掌握店員的工作技能與工作心態的水準。因此，我經常打電話預約各式各樣的店。相信你也是根據店員接聽預約電話時的應對水準來評鑑那家店吧。

那麼，你曾經打電話預約自己的店嗎？

「咦？就算做這種事，店員一聽到聲音就會認出自己來啦。」

找這個藉口的你，多半沒做過這種事吧。

如果沒親耳聽過店員的應對，就不會知道他們的應對水準。如果沒站在顧客的立場體驗他們的應對，就不會知道應對的細微差異。

若要察覺接聽預約電話的應對水準，或是店員本身的遣詞用字等等的課題，一般的

做法是在店員旁邊觀察他們的應對。更高階一點的做法，也可以將應對的對話錄下來，邊聽邊給予指教。不過，會採取這種做法的，通常是電話行銷或客服中心這類專門提供電話服務的行業。像餐飲店之類的一般店家幾乎不會這麼做。

所以，我建議你採用「店長親自預約自己的店」這個方法。

採用這個方法的話，店員確實有可能憑聲音認出店長。不過，之所以會暴露身分，是因為店長並未徹底扮演好顧客的角色。只要認真扮演顧客，店員就算有所懷疑，也不敢在電話中詢問「您是店長吧？」。

最近流行的神祕客調查（mystery shopping research），也會請調查員打預約電話，評鑑店家的應對水準。不過，比起閱讀調查員的報告，我更希望店長能夠透過自己的耳朵去察覺。因為這樣比較真實，改善熱情也會提高好幾倍喔！

5 細聽菜鳥店員接待顧客的情況——要求新人大聲接待顧客，周遭就能察覺問題

「這個……呃～～……那個……。」

你有沒有遇過，讓人搞不清楚到底在講什麼的店員呢？而且，不是因為遣詞用字、講方言、使用年輕人用語或專業術語，或是因為外國人講話不流利等緣故。

假如是上述這類落差，就某個意義來說也是莫可奈何的事，雙方只能努力溝通理解彼此的意思。至於我要問的則是，你有沒有遇過不是上述這種狀況，單純只是聽不清楚對方到底在說什麼的情況呢？

那麼，為什麼會聽不清楚呢？

答案很簡單。這是因為對方「講話很小聲」。

大部分的情況，都是因為店員講話很小聲。至於原因，絕大多數是因為「店員沒有自信」。「缺乏自信」的店員，講話自然會變得很小聲。可是在服務業，說話聲如果小到顧客聽不清楚，坦白說這是很要命的。另一個問題是，許多店家都會放著這種店員不管。這是因為店員講話很小聲，周遭沒注意到他是如何接待顧客的，才會置之不理。因此，讓這位店員接待顧客的話，就會接連發生問題或是降低顧客的滿意度。

那麼，若要「察覺聲量很小的店員接待顧客的水準」，該怎麼做才好呢？

答案很簡單，就是「要求他大聲接待顧客」。

具備察覺力的生意興隆店店長，都會時常確認店員的待客服務水準。他們會要求「菜鳥店員大聲接待顧客」，好讓自己容易察覺問題。而且，大聲接待顧客，也比較容易讓店員能夠「有自信地」服務顧客，可說是一石二鳥。

請問，你聽得清楚店員接待顧客時的說話聲嗎？建議你務必再確認一次，瞭解他們的水準喔！

5 經由觸摸而察覺

1 藉由每天的握手來察覺——根據握手力道的強弱察覺對方的心情變化

「M，早安!!」、「總經理！早安!!」

以下要介紹的是，橫須賀某間連鎖美容院的案例。這間美容院的正職人員與兼職人員，每次打招呼時一定要「握手」，而且要用雙手握。由於日本人並無這樣的握手習慣，起初我也嚇了一跳。不過，持續與她們往來、跟店員握手好幾次後，我察覺有時即便是跟同一個人握手，感覺也會有所「不同」。

於是，我向這家公司的總經理提起這件事。

「松下先生，你真敏銳呢。沒錯。她們每天的心情變化，都會反映在眼神、表情、聲調、姿勢以及握手上。我不僅會觀察她們，每天也會跟每一個人握手，察覺她們當天的狀況。」

總經理這麼回答我。

我們內心的情緒一直在變化。高興時、難過時、緊張時、放鬆時、有幹勁時、沒什麼幹勁時……情緒會在各種時候產生變化。此時的情緒，也會以某種形式反映在身體之外。

心理學專家或偵訊嫌疑人的刑警，都是善於察覺對方情緒變化的專家，因此能在瞬間透過眼睛與耳朵觀察各種地方。

這間連鎖美容院的總經理也一樣。他是一位人氣造型師，因此也是擅長藉由接觸或觀察表情掌握顧客心情的專家。總經理掌握店員心情的其中一種方法，就是除了觀察之外，再加上「每天打招呼時都要握手」。他根據長年觀察他人的經驗，察覺這種方法非常有效，所以才會一直採用。

握手這件事，或許很難養成習慣，但如果是想要察覺店員情緒變化的你就一定辦得到。

先試著在說「早安」或「謝謝」的時候，握住對方的手吧！

只要每天都這麼做，你一定會察覺到「啊！跟昨天不一樣」之類的變化。

❷ 親手觸摸——觸摸全新廚房機器的各個地方，察覺危險的毛邊

「啊，好痛!!」

餐飲店的廚房，有許多不鏽鋼製的機器。

假如是最後有做好修飾加工的不鏽鋼廚房機器，特別是日本製造的機器，基本上手指不會被不鏽鋼割傷。因為工廠會去毛邊，並將邊角磨圓。

不過，如果是進口貨或是廉價品，那麼很遺憾的，有些不鏽鋼的邊緣就跟刀刃沒兩樣，一摸就會割傷手指。我學生時代在麥當勞打工時，店裡也有許多這種危險的廚房機器。

具備察覺力的生意興隆店店長，都會非常仔細檢查這些廚房機器，有沒有這類會傷害店員的危險部分。

具備察覺力的店長認為，「確保店員在安心安全的環境下工作是基本條件」。因為他明白，如果讓店員在會傷害身體的環境下工作，即使要求他們讓顧客滿意，他們也不會甩你。

這樣的店長都會執行某項作業。

那就是在開設新店面時、遷移店面時，以及購買新機器時等這些時候，都會以自己的手指摸摸看不鏽鋼機器的各個地方。

此外，如果察覺有處理得不夠細心、會弄傷手指的地方，就會以金屬用砂紙或磨床磨平那個部分。假如是開設新店或採購新品，有時甚至會請業者更換機器。

不鏽鋼製的廚房機器，光用看的無法知道有沒有危險。尤其新品乍看之下，不會察覺「危險的部分」。

可是，假如開幕之後這個問題仍未改善，店員就有可能在工作時發生遭機器割傷手指的意外。

要避免這種意外發生，就得用手掌、手指觸摸機器的所有地方。這是具備察覺力的店長講究的重點之一。

❸ 靠皮膚去感覺——經由皮膚的感覺注意到座位區各個位置的溫度差異

「這個角落的座位好熱啊。調整一下冷氣的風向吧。」

我在本章說明「觀察」時曾提到，要試坐座位區的各個地方，注意那個位置看得見的風景，以及觀察顧客的反應來察覺座位是冷是熱。

除了「經由觀察而察覺」這個方法外，這裡再跟各位介紹「經由皮膚的感覺去察覺」這個方法吧！

一般而言，設計負責人在打造店面時，會考量各種條件，再運用自身的經驗，規劃出能令顧客感到舒適的座位區，以及方便店員工作的廚房。

那麼各位覺得，當中最難設計的項目是什麼呢？答案就是「空調設計」。當然也有人認為是其他項目，但我認為空調設計是最困難的。

設計者要考量座位區的寬度、形狀、天花板高度、燈具數量、與廚房的位置關係……等各個層面，絞盡腦汁思考哪個地方要設置多大臺的冷氣、換氣扇要設置在什麼地方。當然，畢竟設計有其原則與基礎，設計精準度能夠達到相當高的水準。

話雖如此，仍舊無法做到讓座位區的所有位置保持相同的溫度與風量。此外，開幕幾年後座位區的環境也會改變。格局或許變得不一樣了，廚房機器也有可能增加。這樣一來，店家只能配合當時的狀況調整空調或排氣了。

這種時候，具備察覺力的生意興隆店店長，會事先坐在自家店鋪座位區的各個地方，調查並掌握哪個座位很熱或是很冷、哪個座位會吹到風。接著再趁營業時觀察顧客的反應，就可以及早察覺問題。之後只要臨機應變，調整設定或提供膝上毯就行了。

發揮「觀察」力時，如果能先以「皮膚」感受座位區的溫度特徵，就能夠更仔細地觀察顧客的狀況，迅速察覺問題。

請問貴店的空調有沒有問題呢？

不妨運用上述的觀點，再一次「靠皮膚去感覺」空氣來察覺問題吧！

⑥ 品嘗

❶ 要求全體店員試吃——某餐廳要求全體店員試吃所有餐點，藉此察覺值得推薦的賣點

「以臼齒用力咬下去，甜味就會立刻充滿整個口腔。」

我在本章說明「觀察」時曾提到，某間烤雞串店的店員在介紹商品時，並非只是「形式上的說明」，而是「使用光聽就能想像滋味的詞彙來描述」。因為這個緣故，這家店的店員所推薦的商品，銷售成功率與加點率都非常高。

話說回來，為什麼這家店的店員那麼擅長說明呢？答案很簡單，因為所有人都試吃過所有的餐點，而且試吃了好幾遍。

如果事前試吃過所有餐點，品嘗過餐點的美味，介紹時就不會只用「好吃」二字帶過，能夠更有感情地形容餐點的滋味。假使自己的表達能力不好，也可以學店長或前輩店員的介紹方式。假如沒試吃過，店員就只會照本宣科向顧客介紹商品，聽在顧客耳裡就像在念劇本一樣，於是就會降低「忍不住想要點餐」的可能性。

不只餐飲店會這麼做。

美容院也一樣，擅長推薦店販商品的店員與店長，都會親自試用商品，體驗商品的效果或使用感受。因為用過之後很喜愛這項商品，介紹時才能投入自己的感情。

無論何種商品，若是照著固定的劇本不帶感情地介紹，這樣是完全無法打動人心的。要打動顧客的心，讓他們想要這項商品，重點就是店員本身要先親自體驗，察覺這項商品的迷人之處。

假如你覺得「這名店員很不會推薦商品耶……」，務必讓他試吃、試用看看喔！相信店員們一定會察覺這項商品的迷人之處。

❷ 維持舌頭的健康——不抽菸；不吃過辣食品；維持健康；刷牙

「我不想破壞自身舌頭的感覺！」

這句話出自某連鎖中華料理店的大廚。

進入公司後，他每天都很賣力地翻鍋炒菜，而付出的努力總算有了回報，最近他如願當上大廚。他的目標，就是發揮自己敏銳的舌感，天天提供最美味的餐點。為了達成這個目標，他非常注重並堅持做到某兩件事。

那就是「禁過辣」與「禁菸」。

對專業廚師而言，這可說是理當如此的事，在連鎖店負責烹調的他同樣很注重這個方面。中等規模以上的連鎖店不僅有自己的食譜，採購的食材也都有一定的品質。因此就算不那麼嚴格堅持，應該也能完成自己負責的工作。但是，這位大廚很重視「自身舌頭的感覺」。

實際上，專業廚師當中，也有許多人「愛吃過辣食品」、「愛抽菸」。不過，這位自律的大廚在其他餐廳用餐時，常常覺得即便是同一家店，有時吃到的餐點滋味會有些微不同，這件事總是令他介意得不得了。另外他覺得，要是自己也讓自家顧客產生這樣的不滿，自己會很過意不去，於是從某天起，他就戒掉了之前不在意的「過辣」與「菸」。

除此之外，他也會維持及管理身體狀況，並且注意牙齒的健康。

感冒與宿醉都會影響味覺，口臭與蛀牙也一樣，所以他非常注重自己的健康管理。

如此一來，他便能使用自己敏銳的舌頭，試吃自家廚房製作的餐點，檢查自己與店員的工作是否符合標準。

這就是具備察覺力的廚師不容妥協的「堅持」，請你也要參考看看。

❸ 以顧客身分試吃……以個人身分自掏腰包來掌握「回購感」

「今天不必給我發票。餐點很好吃，謝謝招待。」

某間日式餐廳的店長，私底下偶爾會到自家餐廳用餐。這種時候，他不會收取餐費的收據或發票。因為他是自掏腰包到這裡用餐的。

他的餐廳有試吃自家餐點的預算。身為店長的他，能夠使用這筆預算，天天在自家餐廳試吃。另外，他也能在廚房與辦公室試吃新商品。除此之外，這家餐廳也有提供「員工餐」。儘管如此，他仍舊每次都自掏腰包，在自己管理的餐廳用餐。

我覺得很有意思，便問他這麼做的原因。結果他說：

「我想當真正的顧客。如果不成為顧客，就無法察覺顧客看到的問題。若要成為顧客，當然就得自掏腰包用餐囉。」

他的想法，正是「以對方為中心的思維」。

我也一樣，為了調查客戶店面的營業狀態，有時會與該公司的幹部坐在座位區用餐。由於是在座位區用餐，我會盡可能保持顧客的感覺。當然也會以顧客立場，努力找出某些問題。不過，坦白說，我覺得自己的感受還是跟顧客有點不同。

我在連鎖店任職時，若要「視察」、「調查」、「評鑑」自家公司的門市，我都會收取發票，把餐費當成「調查費用」算在經費裡。也就是說，這是「工作」。所以不管我去哪裡用餐，感受都跟「顧客」有些微的不同。

不過，自掏腰包以「顧客立場」用餐時，自己就會以顧客感受來觀察店家。如此一來，就能以顧客的角度確認「還想再來嗎？」這種感受。

顧客的「還想再花自己的錢到這裡用餐嗎？」這種感受，是店長或區域經理容易忘記的感受。請你也要再次「自掏腰包到自家店鋪消費」，然後捫心自問「還想再來嗎？」。相信你一定會察覺到某些重要的事。

7 嗅聞

「好像有股淡淡的怪味……這是什麼味道啊？」

你是有著「狗鼻子」的人嗎？

具備察覺力的生意興隆店店長，他們的鼻子都非常靈敏。

我在第3章提到一位「禁止在廁所裡放置芳香劑」的嚴厲上司，各位還記得嗎？這位上司是擔心，「使用芳香劑會掩蓋臭味」，這樣一來下屬就不會注重原本的無臭狀態，即使出現臭味也不會注意到，上司為了下屬著想才嚴格禁止放置芳香劑。

言歸正傳。請問你對於店內各個位置的氣味都很熟悉嗎？尤其餐飲店內的氣味更是特別的多。

燒烤肉類時的氣味、炸豬排時的氣味、蔬菜本身的氣味，以及打開冰箱時的氣味都有獨特的特徵。

不消說，餐點本身也有氣味，某些製造商推出的清潔劑也有氣味。

若要發揮察覺力，就要事先知道這些東西本來的氣味，當氣味有些不同時便能「察覺」。

另外，某位大廚還會避免自己身邊出現香水、止汗劑、除臭劑等的人工氣味，以免自己受到影響。他就是前述那位戒掉「過辣食品」與「香菸」的大廚。因為他也很重視與注意鼻子接收到的刺激。

無論餐點還是店面，都存在著沒有氣味的東西，以及原本就有氣味的東西。要能正確掌握這些資訊，並且隨時檢查這些氣味。

這同樣是一種「察覺力」。

8 第六感

「剛才氣氛變得不一樣了吧？各位有感覺到嗎？」

某超大IT企業的首席技術傳教士（企業裡負責以淺顯易懂的方式，向一般人解說複雜難懂之事的報告者）在舉行講座時，總是能一瞬間感受到包圍聽眾與自己的氣氛變化，然後配合這個變化調整談話內容或語速、聲調等等。

「會場的氣氛」是看不見的。他表示「就某個意義來說，這種『判斷氣氛』的感覺或許就是所謂的『第六感』」。但是，正如本章開頭所說的，我無法傳授你這種類似「第六感」的感覺。畢竟我和你既非功夫明星，也不是絕地武士，更不是鋼彈系列中的新人類。不過，我還是很想習得他所說的「第六感」。

因此，我問他：「有沒有什麼辦法能夠習得這種感覺呢？」

慶幸的是，他很親切地告訴我：

「我認為這種第六感，應該是同時動用五感的感覺。眼睛看到的畫面、耳朵聽到的聲音、鼻子聞到的氣味、嘴巴吸到的空氣味道，以及皮膚感受到的空氣觸感……將這些資訊綜合起來，應該就能『判斷氣氛』了。這絕對不是什麼心電感應或原力。」

他所說的「同時動用五感」，假如是個別注意這五種感官，應該就沒辦法做到了。因為我們都是一面用眼睛看，一面用耳朵聽，同時以皮膚感受氣氛的變化。如果不個別注意，而是綜合這五種感覺去感受的話，就能在講座或演講會的講臺上「感受到會場的氣氛變化」。儘管還無法確信，但我覺得自己隱約掌握到這種感覺了。

很抱歉，本節的內容並非具體的法則，但只要一步步磨練自己的五感，並且刻意同時使用它們，相信你有朝一日或許就能學會「判斷氣氛」，換言之就是「察覺氣氛的變化」。請你一定要挑戰看看。

第6章

鍛鍊「察覺力」……「察覺力」隨時隨地都可以鍛鍊

① 鍛鍊「觀察力」

上一章透過案例為大家介紹，具備察覺力的生意興隆店店長，是如何運用五感獲得「察覺」的。本章就來談談，進一步鍛鍊有助於提高「察覺力」的四種能力——「觀察力」、「聆聽力」、「資訊蒐集力」、「思考力」的方法吧！

❶ 在澀谷站前十字路口尋找威利——鍛鍊瞬間分辨的能力

「請從這裡觀察並找出，這個十字路口的眾多行人當中，身穿紅白橫條紋衫的人。」

我在主持「察覺力養成講座」的現場培訓時，偶爾會以穿越澀谷站前十字路口的人潮作為教材，帶領學員從京王井之頭線的澀谷站二樓進行觀察。

這個十字路口經常出現在電視上。根據澀谷中央街官網的資料，每次綠燈都有大約三千名行人穿越這個十字路口。由於這個地方能夠眺望如此龐大的人潮，「察覺力養成講座」才會選在這裡進行尋找「某個特定人物」的訓練。（注：這個講座是本公司舉辦的店長培訓課程其中一個環節，平常不會單獨講授這個主題。）

這個講座就是所謂的「真人版（？）威利在哪裡」。拿書店販售的《威利在哪裡》來練習當然也沒問題，不過真人版別有一番趣味。

舉行這個講座時，身為講師的我會先找出特定人物的特徵，再讓店長們去尋找這個「目標」。店長們的臉幾乎要貼到車站二樓的玻璃窗上，兩眼緊盯著下方的人潮拚命尋找「目標」。

「察覺力」高的店長，能在非常短的時間內找到我指定的「目標」。不過，也有店長無論過了多久還是找不到。

如何才能找到目標，方法因人而異。總之我認為，想鍛鍊這項能力就不可缺少訓練。請各位一定要試試看「真人版（？）威利在哪裡」。

❷ 觀看「啊哈！」影像——觀看緩慢變化的東西來鍛鍊察覺變化的能力

「已經在慢慢變化了……你看，變得完全不一樣了！」

電視上經常可以見到，腦科學家茂木健一郎老師所介紹的「『啊哈！（Aha!）』影像」。

其實，「啊哈！」影像也非常有助於鍛鍊「察覺力」。

如果是「真人版（？）威利在哪裡」，要尋找的答案事先就決定好了。因此，只要凝神細看尋找目標的樣貌就行了。反觀「啊哈！」影像，則無法事先知道答案。雖然跟「威利在哪裡」一樣，答案就在畫面中的某個地方，但要是只專心觀察某一處就很難察覺答案。

運氣好的話能湊巧猜中產生變化的部分，但通常不會這麼順利。像我幾乎每次都找到時間結束，仍然找不到答案。

我個人比較擅長玩「威利在哪裡」，至於「『啊哈！』影像」則非常不拿手。順帶一提，我太太超級擅長玩「『啊哈！』影像」。每次向她請教察覺答案的訣竅，她總是說「不知怎麼地就看到了」。

看來這也跟「威利在哪裡」一樣，找出答案的訣竅因人而異。

很遺憾，我無法將這個方法化為法則傳授給大家。我只能告訴各位，這同樣需要訓練。因此首先要做的就是，運用這類書籍、影片或現場，努力去察覺目標。

「找出某個與眾不同的特定人或物」，以及「找出逐漸變化的人或物」。

「想找出來而察覺」這些人事物，而非「湊巧察覺」，是成為生意興隆店店長的途徑。

你眼前的現象每天都在變化。

這個變化有時是人的表情或服裝，有時是人的行動，有時是招牌、POP廣告或建築物，有時是聲音或氣味。這些事物基本上不會出現急劇的變化，而是不知不覺間逐漸改變。請你平時也要鍛鍊「觀察力」，努力「察覺」這些變化喔！

❸ 變成忍者──走路時、過號誌燈時、在店內看白書時，都要不停東張西望

「集中焦點固然重要，但應該先三百六十度，不，應該要像觀看整個天球一般，觀察上下左右周圍的一切。之後才集中觀察某個目標。」

這是我擔任督導時，上司給我的建議。

當時的我比較擅長「集中焦點觀察事物」。不過另一方面，我的弱點就是完全不會注意到，發生在該事物附近的其他現象。

所以，當我以督導身分拜訪負責的分店時，我會仔細觀察有關當天拜訪目的的問題或改善進度，但不太會注意到其他的人事物。也就是說，我不會仔細觀察目標以外的人事物。

舉例來說，以前曾發生過這樣的情況。某天，總公司收到有關某位店員服務態度的

客訴，而我正好就在事件發生當天的那個時間點拜訪那間分店。

當天，我的焦點與精神都集中在「檢查清潔水準」這個目的上，因此沒有注意到店員的服務水準。身為區域負責人，自己到底是為了什麼才來到店裡的！這實在是非常丟臉的失敗。

於是，上司便給了我開頭那句建議。

專心觀察事物固然重要，但毫無遺漏地察看整體也很要緊。店長、督導與區域經理，要對店內發生的一切現象負起「責任」。當然，他們是沒辦法逐一觀察所有現象的。

但是，只要先察看整體，自己的眼睛應該能捕捉到細微的異常（例如：店員缺乏笑容）。

不知會在何時何地遭到敵人襲擊的忍者，以及第2章提到的特勤，他們不僅會集中精神將焦點放在細部上，也會同時運用瞭望整個天球的寬廣視野。正因如此，他們才保護得了自己、主公與總統的性命。

你平常會像忍者一樣東張西望察看整體嗎？如果不先毫無遺漏地察看整體，就沒辦法注意到異常喔！

4 定點觀測
——定期吃同一家店的同一道餐點，會更容易察覺變化

「奇怪？今天的披薩好像不怎麼鬆軟Q彈耶。是不是麵團的發酵時間太長了？」

我的嗜好是到各個地方吃披薩。算起來，每年吃掉的披薩有一百片以上。

但是，販賣披薩的店不像拉麵店那麼多，所以我常會吃同一家店的披薩。雖然身為披薩迷的我，希望能盡量吃到不同店家的披薩，但這個願望實在很難實現。

不過，經常吃同一家店的披薩，其實也有助於鍛鍊「察覺力」。

以下這個案例，發生在每個月我都會去一次的披薩專賣店。

當天我跟平常一樣點了瑪格麗特披薩，跟平常一樣咬下剛出爐的披薩。結果，這個當下……我覺得「嗯？跟平常不一樣耶……好硬」。

跟老闆交情不錯的我，便偷偷告訴他這件事。

果不其然，據說是店員沒管控好麵團的發酵時間，才會發生這種情況。

當然，我不是披薩專家，只是一名外行的客人。但是，吃過好幾次後嘴巴就養刁了。

尤其是同一家店的同一道餐點，就算只有些微差異依然會感到不對勁。絕對不是我

比較特別。只要是常客，應該都懂這種感覺。

不消說，店家當然也知道會有這種情況。

但是，大多數的店家，他們的容許範圍比顧客還要寬鬆。

因為他們天真地以為「哎呀，這麼一點差異應該沒關係吧」。

不要小看顧客。顧客是非常嚴格的。

為了掌握顧客的這種感覺，希望你也要持續吃「同一家店的同一道餐點」，「察覺」當中的細微差異並且放在心上。

2 鍛鍊「聆聽力」

1 閉上眼睛只靠耳朵掌握座位區的情況
——只靠耳朵聽見的聲音去察覺周遭狀況，鍛鍊聆聽力

「閉上眼睛，感受一下座位區的狀況。你能夠單憑耳朵聽見的聲音，說明座位區目前的狀況嗎？」

這是我還很年輕的時候發生的事。在麥當勞打工的我，曾被店長要求做這樣的訓練。當時的我是計時組長，平常穿著跟正職人員一樣的制服，以值班經理的身分於正職人員不在的時段料理店內的事務，每天都很積極勤快地工作。

某天，店長要我進行「有助於提高察覺力的『靠聲音掌握狀況』之訓練」。

某位科學家說，人類經由眼睛接收到的資訊占整體的八成。雖然不知道是真是假，但我自己也覺得五感當中，來自視覺的資訊確實占非常大的比例。

證據就是，原本看得見的我若是閉上眼睛，資訊量就會一下子銳減，完全不知道周遭發生了什麼事。由此可見，自己有多依賴眼睛接收到的資訊。

但是，若要提高「察覺力」，最好要懂得更高度運用五感，而不是單靠眼睛接收資訊。當時對我實施這種訓練的店長，大概就是抱持這種想法，才會要求我「閉上眼睛掌握周遭的情況」。

不消說，當時的我在閉上眼睛之後，並沒有辦法清楚掌握周遭的情況。剛開始進行這項訓練時，我根本搞不清楚狀況，陷入手足無措的狀態。但是，訓練幾次後，自己漸漸能夠得知周遭的情況。店員之間的對話、顧客的聲音、顧客從入口走進來的情形……雖然眼睛看不到，但光靠耳朵也能掌握到相當多的資訊。

於是，當我睜開眼睛時，這些資訊就會重疊起來，化為精準度更高的資訊，從而「察覺」許多事。雖然進行這項訓練需要一點勇氣，以及周遭的協助，但還是請你一定要試試看。相信你會察覺，自己的感覺變得更準確了。

❷進行不講話的面談——除了開場時說明主題與點頭回應之外，上司完全不講話

「嗯……哦……咦……是喔……這樣啊……原來如此……。」

我在第5章說明「聆聽」時也提過，我們不擅長徹底聽完對方說的話。當然，還是

有許多人能夠留意這一點，在別人說話時認真聽到最後。不過，「聽到最後」這件事的難度，確實令大多數的人天天都很苦惱。

我也是其中一人。

自從受過成為專業教練的訓練後，我就懂得在聆聽時特別留意這點，但要是沒特別留意，將頭腦切換成「仔細聆聽模式」，有時仍舊沒辦法聽到最後。

相信身為店長的你，也經常有機會聽店員說話。尤其是進行個人面談時，如果想得知當事人的真心話，「聽到最後」是非常重要的。不過，實際進行面談時，店長往往會忍不住打斷對方的話、否定對方、給予建議，最後甚至忍不住說教。可是，店員通常要講到最後，才終於願意吐露真心話。如果中途打斷對方的話，就聽不到真心話了。

那麼，該怎麼做才能讓你「聽到最後」呢？正規的方法，請參考教練法的專業書籍。不過，為了幫助你提高「察覺力」，這裡就傳授一個「能夠聽到最後」的簡單訣竅吧！

那就是「邊點頭邊應聲」。

點頭時要注意，必須看著對方的眼睛做這個動作。除此之外，還有「時而用力點頭時而輕輕點頭」這種高階技巧，總之請先習慣「點頭」。點頭之後，再以開頭的「嗯、哦、是喔」等六種句子回應對方。
我都會刻意使用這個方法。請你務必嘗試看看，一定能把對方的話徹底聽完喔！

3 鍛鍊「資訊蒐集力」

1 設定例行公事——事先訂出觀察店鋪時的流程，可提高察覺變化的能力

「接近門市時，先觀察看不看得到招牌。接著，察看直立旗之類的宣傳物，以及植栽中的雜草、樹木或花朵的枯萎狀況。接下來觀察停車場的狀況，然後察看後門。這些地方都檢查過後才進入店內。就像這個樣子，要事先設定拜訪分店時的例行公事。」

這是我在麥當勞擔任督導時，上司指導我的內容。

每次拜訪負責的分店時，即使已經抵達門市，上司也不會立刻進入店內。他會先仔細觀察分店四周蒐集資訊。

有沒有不尋常的狀況？有沒有東西壞掉？垃圾有沒有散亂不堪？

他會逐一檢查這些項目，檢查完才進入店內。接著，放眼察看店內，最後再檢查廁所。上司每次都是按照固定的順序進行這些檢查的。

把這段流程變成例行公事後，他就不再漏掉某個檢查項目了，而且因為每次都觀察同樣的地方，使得他能夠注意到細微的變化。每次與這位上司一起巡視分店，自己也跟

著學習這項例行公事。因為這個緣故，現在自立門戶成為顧問後，每次拜訪客戶的店面時，我依然會照著同樣的流程觀察。

順帶一提，就連私底下到非客戶的其他餐廳用餐時，我也會忍不住按照這個流程觀察那間店。

除此之外，我也把每天早上起床後，上廁所、量體重、洗臉、刷牙、打開電腦、寫部落格……等等一連串的行動變成例行公事。這樣一來，我就能「察覺」自己當天的狀況。

參加世界盃橄欖球賽而出名的五郎丸選手常做的忍者姿勢，以及一朗選手從拉筋到在打擊區內揮棒這一連串的動作，同樣都是在進行過程中感受到細微的不同，繼而「察覺」自己當天的狀況，然後根據這項資訊做些許的調整。

店長與督導也一樣。

事先設定每次都要照相同流程進行的動作，以發覺當天店鋪的狀態或自己的身體狀況等的細微變化，同樣是提高「察覺力」的訣竅。

② 擁有數個資訊來源——從多方面觀察及判斷同一項資訊，就能察覺想法的差異或偏頗

「一天要看三份報紙。」

我在麥當勞擔任督導時，某位上司曾給我這樣的建議。

這麼做的目的是：看完三份報紙，可以補充不足的資訊，消除想法的偏頗。

我也認同上司的意見，因此立刻學他這麼做，但是……這種習慣是沒辦法立即養成的。起初沒辦法每天看完三份報紙，還沒看過的報紙越積越多。

於是，我決定早上先在家裡瀏覽一份報紙，看完再去上班，之後趁著拜訪分店時再看一份……剩下的那一份回家再看……就用這種方式訂閱三份報紙。

由於是以這種方式消化三份報紙，起初自己只是單純掃過內容而已，直到某天我突然注意到，這三份報紙對於某經濟情勢的論調截然不同。

詳細內容我不記得了，印象中好像是關於通貨緊縮的議題。

三份報紙皆刊登了自家報社的社論委員、大學教授、經濟學家等人的意見，但有些報導非常負面，有些報導則非常正面。

經濟並非我的專攻領域，而且我很不用功，平時幾乎不看經濟雜誌與相關書籍。此

外，之前我只看一份報紙，就某個意義來說，我的知識來源就只有那份報紙的資訊而已。

當時因為看了三份報紙，我才注意到立場與看法不同，對事物的解釋也就天差地遠。之前我一直以為，無論哪家報紙或電視臺的新聞內容都是一樣的，所以注意到這個差異時我非常震驚。

假如只看一份報紙……我就會受到其中一份報紙的影響。當時因為閱讀並比較三份報紙，自己才能注意到當中的差異，並察覺偏頗的可怕。

現在大多數的人，都是透過網路或電視等途徑取得大部分的資訊。當中似乎也有人只看其中一種資訊或節目，並且受到強烈的影響。正因為現在是個資訊過多的時代，希望各位從多方面觀察資訊，做出不偏頗的判斷。這麼做也能提高「察覺力」的精準度。

4 鍛鍊「思考力」

❶ 使用「自問自答的問題集」……把詢問自己的問題集登錄在日曆上

「今天晚上六點培訓結束時，你達成了什麼事呢？」

身為專業的商務教練，我在提供顧問服務或主持店長培訓時，經常對客戶進行這種教練式提問。如此一來，就能讓我的客戶——經營者或店長自行打開行動的開關。

這類教練式提問，問的都是些非常簡單的問題。

因此，你應該也能夠每天詢問自己或下屬才對。另外，你的上司也能夠每天對你提出這種簡單的問題。

不過，現實狀況又是如何呢？

即便是這麼簡單的問題，假如沒時時留意，依舊沒辦法提出來。實際上，我們並不會天天受到這樣的「提問」……這就是現實。

受到這樣的「提問」時，你會得到「重新檢視自己的心情或目標的機會」，繼而獲得許多「察覺」。「提問」是鍛鍊「察覺力」非常有效的方法。

但是，你的上司不會天天問你問題。
你本身應該也沒養成每天自問自答的習慣吧？
而且，你的身邊也不是隨時都有像我這樣囉唆的教練。

那麼，該怎麼做才能每天受到「提問」呢？
我想推薦你的方法就是，使用「自問自答的問題集」。
我都會事先將每天的問題，輸入到智慧型手機的日曆工具。日曆是每天都會看的東西，因此每次查看時就能自動「對自己提問」。
如果你不使用智慧型手機的日曆，也可以寫在記事本的日曆上。
當然，你也可以使用《每日都是修造！》（暫譯）這類近年很流行的熱血名人日曆。重點就是，要養成每天對自己「提問」的習慣。
這樣一來，你就會「察覺」自己的身體狀況、精神狀態、目標與心情。

❷ 描繪「願景」——在紙上寫出想要的未來，能更容易察覺現實與理想之間的差距

「願景與目標不一樣嗎？」

經常有店長問我這種問題。廣義來說兩者是一樣的，至於我個人則認為差別在於，目標是「將期限與規模數值化」，願景是「將理想狀態影像化」。兩者都是朝著某個目的地前進，但我認為關鍵差異在於，願景比目標「更容易想像實現時的狀態」。

當然，「目標」與「願景」都很重要。我們可以說，「願景」是將「目標」影像化，提升達成幹勁的東西。

不過實際上，對於既非影像創作家也不是動畫師的我們而言，「將目標影像化」是一項非常困難的作業。相較之下，我更推薦「將願景語言化」。

為了提高「察覺力」而「將願景語言化」的話，能夠收到這樣的成效：假設貴店的願景用一句話來說，就是「提高店長的察覺力，讓店員露出更棒的笑容，顧客也總是笑嘻嘻的」。

至於現狀則是「店長沒注意到店員缺乏自信，又不懂得追蹤狀況，導致店員的笑容始終不多，最後變成一家連顧客也覺得不快樂的店」。那麼，「只要提高店長『察覺店員心情的能力』，應該就能離願景更近一步」。

我們先單獨來看「將店員對工作的滿意度提高至八成」、「將顧客的滿意度提高至九成」、「達成預估銷售額」這類「數值目標」吧。「目標」充其量只是用「滿意度調查的數值」、「銷售金額」來評鑑的東西。各位不覺得，只有「目標」的話很難提升

「幹勁」嗎？而且，很難想像達成時的「狀態」。

當然，或許某些店長只要有「目標」就能充滿幹勁，不過以我的情況來說，只有「目標」的話大多會陷入有點愁悶苦惱的狀態。

因此，我都會配合「目標」，將想達成的狀態化為「願景」，藉此提升幹勁。

當你覺得自己對「目標」的幹勁不夠高時，只要暫時把「目標」化為「願景（語言化）」，就能「更容易注意到重點」。請一定要試試看喔！

❸讓「座」——察覺生意興隆關鍵字的訣竅就是「親切」與「體貼」

「這個位子給你坐。」

你曾在客滿的電車上，讓座給老人或孕婦嗎？

其實，這也是提高「察覺力」的訓練之一。

這類行動是基於「親切」。幫助拿不動重物而傷腦筋的人，或是詢問在街道上東張西望的人「怎麼了嗎？」，也同樣是出於「親切」。

不消說，要是無法「察覺有困擾的人」，當然就沒辦法實行這種「親切」之舉了。換句話說，就算你很想對他人「親切」，假如你沒有「察覺力」，就不會注意到「對人親切的機會」。

第3章介紹的「根岸牛舌店」，就是典型的好例子。他們把「親切」升級成公司的策略。公司的所有員工都要採取「親切」策略，這件事為正職人員與計時人員的教育帶來不小的影響。此外，「親切」能吸引顧客回購，因此對公司的業績也有很大的影響。

除此之外，還有一種「親切」是源自察覺。以家電量販店友都八喜為例，收銀臺的店員把商品裝入袋子後，會用黑色膠帶封住袋口，這時他們會把膠帶的其中一端往內摺三公釐左右。這樣一來，顧客要打開袋子時就能輕易撕開膠帶了。

百貨公司裡也有親切的店員。當顧客抱著好幾袋戰利品時，店員會問「要不要幫您裝成一袋呢？」，然後將顧客購買的商品全放進大袋子裡。另外，下雨的時候，店員還會給最外層的袋子套上塑膠袋。這些同樣都是基於「想親切對待顧客」的心所注意到的小細節。

怎麼樣？貴店要不要也跟他們拚了，以「日本第一親切的店」為目標呢？只要「注意到對人親切的機會」，就能離生意興隆的店更近一步喔！

首先要做的就是，把你此刻所坐的電車座位或公車座位，讓給眼前「有需要的人」吧！

❹ 消除「疲勞」——睡眠不足造成的「疲勞」，會使「察覺力」顯著下滑

「啊啊〜〜，總覺得提不起勁……好疲倦喔……。」

即便你每天都很有活力地工作，偶爾還是會有這種感覺吧？

假如你是不知「疲勞」為何物的超人，可以直接跳過這一段沒關係。不過，如果你只是個普通人，就請聽一下我的故事。

我今年六十二歲，現在依然很有活力。話雖如此，我已經沒辦法跟年輕時一樣，卯足全力連續工作好幾天了。要是連續執行繁重的工作，即便是仍有活力的我，偶爾還是會「筋疲力盡」。畢竟我已經六十二歲了，這也是很正常的吧。

我想，就算是比我年輕、目前仍在店內東奔西跑的你，一定也有感到「疲勞」的時候。不過，想要提高「察覺力」就得注意，「疲勞」會對你造成很大的阻礙。尤其要當心「睡眠不足造成的疲勞」。

人體很神奇，出現「感冒」或「肚子痛」等症狀明顯的不適時，我們會以這件事為

前提，啟動「察覺感測器」。也就是說，我們知道「自己不舒服」，所以會更加拚命地留意，不讓「察覺感測器的靈敏度」下降。當然，這時的察覺力是低落的。

但是不知怎的，如果是「睡眠不足造成的疲勞」，我們就不會去注意「察覺感測器的靈敏度」。雖然很不可思議，但這或許是「因為睡眠不足而感到疲勞是很沒出息的」這種心理在作祟。

處於睡眠不足造成的疲勞狀態時，「察覺力」會大幅下降。

對「察覺力」而言，所有的「疲勞」都是很大的阻礙，因此基本上要避免「身體不適」才行。請你先盡量留意及避免，比較容易自我管理的「睡眠不足」吧！這樣一來，就不會發生「因睡眠不足造成的疲勞導致察覺力下滑」這種情況。

平常很有活力的你，若要有效運用「察覺力」，就要記得好好消除「疲勞」，尤其是「睡眠不足造成的疲勞」喔！

5 別依賴「方便」
——雖然方便與自動化能防止失誤又樂得輕鬆，卻會讓「思考力」不斷下滑

「叮——咚。」、「好的～～，我現在就過去～～。」

放置在餐飲店桌上的「呼叫鈴」，也就是所謂的「桌邊服務鈴」，其實會讓「察覺力」下降。請問你知道這項事實嗎？

有了這個桌邊服務鈴後，顧客確實用不著大喊「服務生～」就能呼叫店員。就算我們沒注意到顧客的狀況，顧客也會主動告知我們。對顧客與店家而言，這是非常方便的工具。

但是，設置這個桌邊服務鈴後，會讓店員從「鈴聲響了就去服務顧客」，逐漸轉變成「只要鈴聲沒響就不去服務顧客」這種可怕的狀態。當然也有店員不會這樣，他會仔細觀察顧客，以便在鈴聲響起之前迅速察覺到顧客的要求。

可惜，這個世上有許多完全依賴鈴聲、不去觀察顧客只會注意鈴聲的店家。方便是很可怕的東西。

方便會使「察覺力」下滑。比方說這樣的例子。

有種方便的系統會在傍晚天色變暗時自動打開戶外燈具，還有一種系統是利用定時器管理照明的開關。這兩種系統都很方便。

但是……有的店家因為沒察覺戶外感測器故障，結果到了傍晚燈仍舊是暗的，有的店家忘了在季節交替時變更定時器的設定，導致天色已經變暗，招牌卻沒有亮起。請問你有沒有見過這樣的店呢？是不是很可惜呢？

無論是桌邊服務鈴還是戶外燈具的感測器或定時器，要是完全依賴這種工具，店員的「察覺力」就會不斷下滑。方便雖然能提高生產力，卻也具有降低技能水準與「察覺力」的危險性。

請問，貴店的店員又是如何呢？
你自己是不是也完全依賴這些方便呢？
不妨重新檢視一次基本的「察覺力」吧！

❻不採用「否定」、「批評」的看法
——比起否定與批評，更該將焦點放在背景、情況、真心話與目的上

「你的想法很奇怪耶，才不是那樣呢～～，應該是……。」

自己的想法永遠都是正確的！
有些人總是抱持這種態度，否定他人的意見，並且硬要他人接受自己的意見。看到

這裡，你或許也想到了自己周遭的「某個人」吧。

這種「劈頭就否定的人」，其實是「察覺力」不成熟的人。

這樣的人並不曉得，自己能夠從對方的「想法」、「意見」獲得許多「察覺」。有些意見確實是「任誰聽了都覺得是錯誤的」吧。但是，若想「提高察覺力」的話，無論面對任何意見，都要先暫時「接受」這個意見，這點很重要。

原因在於，要是你一下子就否定對方，他就不會進一步深入說明，也就是不會吐露「背景」、「真心話」、「真實感受」。假如對方喜歡辯論又好強，當然也有可能會認真反駁吧。但是基本上，一開始就遭到否定，還能夠冷靜地改以更容易理解的方式向對方表達自身意見的人並不多。大部分的人都會覺得「啊，向這個人表達意見也只是白費脣舌」，於是就不再繼續說下去。

在這種狀態下，是無法獲得有助於深入瞭解對方想法的重要資訊，例如對方的觀點、情況、背景、情緒等等。此外，也無法從對方的想法中，獲得自己缺乏的新鮮「察覺」。

「批評」也一樣。

「批判」就是「否定」，再加上「自己的意見或情緒」。因為當事人無意理解對方。

若要提升「察覺力」，無論面對任何意見，都要先暫時接受，並且仔細瞭解內容。這樣一來，就能提高獲得新「察覺」的機率。

❼「預想」──預想顧客或店員接下來的行動

「接下來她會採取這個行動吧……既然這樣，我就去支援這邊吧。」

「那位顧客差不多要點下一道菜了吧，好，我過去問問吧。」

一般而言，「具備察覺力的生意興隆店店長」，都會先仔細觀察店員的行動或顧客的狀況，再決定自己接下來的行動。不只餐飲店如此，販售商品的商店也是一樣。

當然，大多數的店長應該都是「先觀察店員或顧客的行動，經過一定程度的預想後再採取行動」。不過，「具備察覺力的生意興隆店店長」，他們的「預想」程度不一樣。他們會先掌握與假設店員的行動習慣、他們的最大守備範圍，然後再預想接下來的狀況。

舉例來說，有的店員只要變忙，自己的守備範圍就會迅速縮小。因為他分身乏術，光是自己負責的範圍就讓他忙得不可開交。懂得察覺的店長會更加繃緊神經，支援這種店員負責的範圍。因為分身乏術的店員，通常連自己的守備範圍都容易看漏。

尖峰時段結束後的行動也看得出特徵。

如果店員在工作告一段落後，常會補充桌上調味罐架裡的東西，或是收拾出餐口，他們大多不太會注意到店門口一帶。懂得察覺的店長，因為已事先注意到店員的特徵，當店內有這樣的店員時，就會加強留意與支援店門口一帶。換言之，店長會重點支援店員不太會留意的範圍，避免店員的弱點影響到顧客滿意度或業績。

有關顧客的要求或行動的「預想」也一樣。

懂得察覺的店長，打從在入口迎接顧客的階段就會觀察對方的特徵，預想對方的目的、狀況、要求，然後應用在推薦或加點的時候。情侶、家庭、商務人士、女性團體客等等，各種類型的顧客要求也都不一樣。另外，用餐進度同樣會影響「接下來的要求」。「懂得察覺的店長」會透過觀察，根據獲得的資訊「預想」，在顧客提出要求之前行動，從而提高顧客的滿意度。

若要提高察覺力，鍛鍊這種「以察覺為依據的『預想力』」是很重要的。

8 不過度依賴「制度」、「業務手冊」——顧客一下子就會察覺是表面工夫或徒具形式的行動

「請給我十個起司漢堡。」
「好的。請問要內用嗎?」

這則有名的笑話,是以速食店的制式化服務為笑哏。
不過,這其實不是笑話,類似的待客情形隨處可見。

對店家而言,「制式化」是非常方便的制度,只要有了這個制度,就能統一接待顧客與烹調等作業的程序,也能穩定地教育店員。於是,顧客就會對這家店或品牌產生安心感。如今不只連鎖店,對個人店而言同樣是不可或缺的制度。

但是,「制式化」也導致開頭那種「沒站在對方立場思考」的店員變多了,所以才會發生這種讓人啼笑皆非的待客情形。

只要動腦想一下,就能推測「一個人吃不了十個漢堡,所以他要外帶吧」,接下來只要詢問顧客「請問要外帶嗎?」就行了。但是,講求速度的速食店,都是假定顧客會選擇內用(即在店內用餐)而立刻準備托盤,把商品全擺在上面,所以才有店員不管顧

客點了多少分量，都會忍不住問「請問要內用嗎？」。習慣是很可怕的。

如同上述，「制式化」雖然是非常方便、不可或缺的制度，但是若欠缺「思考」的習慣，店員就「不會察覺」能讓顧客滿意的關鍵之處。

若要防止制式化造成的「思考力低落」，就需要我一再提到的「以對方為中心思考」，也就是「站在對方的立場思考」，以及經常思考「為什麼？為了什麼目的？」。店長要時時記得這兩種基本思維並自問自答，此外也要持續對店員提問，這點很重要。

鍛鍊「思考力」，就能鍛鍊「察覺力」。

千萬要當心，別讓制式化、自動化的方便綁架了身心。

第7章

一旦察覺就要行動……嚴禁察覺卻置之不理

① 要善加運用獲得的察覺

你是否有過「好不容易獲得察覺卻未能運用」，或「好不容易開始運用，過沒多久就放棄了」這類令人扼腕的經驗呢？我們都有著，「白白糟蹋好不容易獲得的察覺」這種浪費的毛病。最後一章就來談談，改掉這種壞毛病的訣竅吧！

❶「察覺了卻不行動」其實比「沒察覺」更可怕——「不行動」與「不敢行動」是有原因的

「當時明明察覺了……為什麼自己不行動呢？」

我在擔任店長時，曾有過「早已察覺問題的徵兆」，卻沒當成重大事件而且還放著不管，最後造成大麻煩的失敗經驗。

我明知道兩坪大的大冷凍庫裡塞滿冷凍食材，裡面的東西沒辦法正常流動，卻沒嚴格要求店員先進先出。結果，塞在後方的食材都過期了，造成大量的報廢損失。

另外，我明知道垃圾塞住了屋頂的排水槽卻置之不理，結果颱風來襲時雨水積在屋頂上，導致店內漏水。

我覺得自己當時的心理，大概是「應該沒關係吧」這種毫無根據的安心感，換句話說就是「不負責任的怠惰」。那麼，為什麼我會做出這種「不負責任的怠惰」行為呢？為什麼會覺得「應該沒關係吧」而置之不理呢？

我認為原因是：

① 不知道置之不理會怎麼樣……知識不足、學習不足

② 無法想像置之不理會導致的意外……缺乏想像力與危機感

③ 懶得面對問題採取對策……不負責任的怠惰

若是陷入這種狀態，即使好不容易察覺到問題，也會「覺得麻煩而不行動」。

接下來就為大家進一步說明，擊退這種「嫌麻煩心理」的方法吧！

❷ 克服「嫌麻煩心理」
——「學習」可提升「想像力」與「危機感」，擊退「嫌麻煩心理」

「嗯～～，工作會增加耶～～，今天就忽略吧。」

「現在很忙耶～～，好麻煩啊～～，算了，之後再處理也行吧～～」

雖然察覺到問題或機會的徵兆，要是店長自己忙到分身乏術或是疲累不堪，結果會怎麼樣呢？這種時候，有些店長會選擇「之後再處理」，或是認為「不處理或許也沒關係」，也就是出於自私、「嫌麻煩」的心理而選擇延後處理，或是置之不理。如同前述，我也做過這種判斷，結果事後非常後悔。

反觀發揮察覺力的生意興隆店店長，他們會採取以下的做法，以便將「察覺」化為實際行動。

① 懂得臨機應變切換優先順序……拋開頑固，具備靈活彈性

② 提升技能以便能夠迅速處理……提高因應能力，讓自己有多餘的心力

③ 由團隊來解決……不獨自處理，而是找店員一起解決

「懂得運用察覺的人」，就是藉由上述這些方法來克服「嫌麻煩」的心理。那麼，你該做什麼，又該怎麼做，才能學會他們那種思考方式與能力呢？答案就是……

① 具備「危機感」……危機感能將察覺化為行動

② 提升「想像力」……想像力能提升危機感

③ 「學習」……學習可提升想像力、提高判斷精準度

換句話說，我認為解決辦法就是「學習」。因為，學習不足所導致的資訊不足，會造成「不負責任的低危機感（應該還不要緊吧）」、「嫌麻煩（處理似乎要花時間）」、「一個人處理不來（不知道由團隊來解決的效果）」這種不負責任的怠惰心態。

也就是說，只要蒐集資訊增加判斷材料、提升想像力，以及提升技能來提高生產力、讓自己有多餘的心力，就能夠「『立刻』運用察覺」。

③ 「言出必行」——鼓起勇氣宣布個人目標，自己鞭策自己

「這個月我要發兩百張名片，給上門光顧的客人，並且向他們自我介紹！」

上一項談到，要成為懂得運用察覺的生意興隆店店長，必須擊退因自己的不負責任而產生的「嫌麻煩心理」。

這裡就再介紹另一種擊退「嫌麻煩心理」的方法吧！

那個方法就是某位店長實踐過的「宣布個人目標」。這位店長上過我的培訓課程，他曾當著所有店長的面講出開頭那句話。這個人雖然是店長，但主要負責廚房工作，鮮少到外場走動。

不過某天，附近的婦女診所所長碰巧上門光顧，他向對方道謝並且自我介紹。結果，兩人因為這樣而聊了開來，之後那位所長很捧場，聚會之類的活動總是選在他的店舉辦。

後來，店長詢問那位所長願意捧場的原因，對方回答「因為店長給了自己名片還打了招呼」。這時店長「察覺」，這是「獲得顧客愛顧的決定因素」之一。於是，他也對其他顧客做了同樣的事。此外，為了獲得更多願意捧場的顧客，他還「當著店員與其他店長的面宣布，自己決定要發兩百張名片」。關於當眾「宣布個人目標」的原因，他是這麼解釋的：

「我希望顧客能更常光顧這家店。為了達成這個目標，我想記住許多顧客的長相，讓自己能帶著更多的親近感向對方打招呼。發名片不過是製造交談機會罷了。其實，就算好不容易察覺好點子，我也很難持之以恆。不過這次的『察覺』，我不希望自己又是三分鐘熱度。所以才鼓起勇氣，當著大家的面宣布自己的目標。畢竟沒堅持下去的話會很沒面子嘛。所以，我每天都感受到很大的壓力。不過，我會堅持下去的！」

「嫌麻煩」與「三分鐘熱度」，也可以說是與自己對戰卻敗給了自己。

不過，跟默默失敗相比，「當眾宣布卻失敗」更加丟臉。那位店長便是以這種方式鞭策自己，「為了避免丟臉」而與自己對戰。

「持續運用察覺的生意興隆店店長」言出必行，真的很了不起呢。

❹ 編列「預算」——事先編列預算的話，請示也會比較容易通過

「我想使用本年度的設備投資預算更換冰箱。」

廚房的冰箱自初春以來一直發出轟轟怪聲。此外，座位區的冷氣也不怎麼冷。這些機器已經買了十多年，也維修過好幾次。維修業者判斷「沒辦法再修了」，下次再故障就只能換一臺新的了。想必再過不久就會故障吧……要是故障的話食材就得報

廢吧，可能也會對營業造成影響。會給顧客帶來困擾吧……可是，機器還沒壞掉。假如湊合著用，或許還可以再撐一下……要不要向上司提議汰換機器呢……可是，上司不會輕易答應吧……傷腦筋啊……怎麼辦……。

你一定也有過這樣的心情吧？

想在完全壞掉之前，汰換尚未故障的昂貴機器，而且考量到無法修理時的損害，這件事必須盡快處理才行。可是，自己又不敢向上司提議……我在第一線服務時，也經歷過無數次這種情況。結果某一天，那臺機器終於壞掉了……然後不出所料，果真給顧客和店員造成困擾，蒙受很大的損失。

其實，這個現象同樣是「察覺了卻不敢行動」。

為什麼不敢行動……「不敢向上司提議」呢？

這種時候阻擋在店長或上司面前的，其實是「預算障礙」。

經營數家店鋪的企業，不管規模多大，通常都會在「年度預算」中編列「經費」或「投資」的預算。

但是，如果沒確保「汰換昂貴機器」的預算……屆時別說是汰換了，最慘的甚至有可能沒辦法維修。

維修或汰換機器是避免不了的情況。因此在經營上，「確保預算」是必要條件。為了避免因預算不足，發生無法維修或汰換這種重大的障礙，各位一定要事先確保「預算」喔！如果難以憑店長的立場確保預算，就老實向上司說明「機器老化的風險」。畢竟沒預算而吃苦頭的人可是店長自己。

❺決定「優先順序」——運用察覺的行動是有正確順序的

「要馬上做嗎……還是之後再做呢……。」

店長的工作，就是每天做判斷。

店長的工作，並非只有已決定該做什麼的例行公事。

把店長每天的工作列出來一看：招募店員、教育店員、現場的安排、指導、設定與評鑑目標、處理客訴、訂購新商品的原料、維修機器、促銷活動、外場或廚房的工作等等，真是數也數不清。這些工作的內容乍看每次都相同，但每天遇到的狀況都不太一樣。尤其面對顧客或店員這些活生生的人時，狀況更是截然不同。而且，每項工作都需要「決斷」。店長的工作是很辛苦的。

即使在這樣忙碌的工作期間，店長仍要注意許多事情。假如沒注意到就是繼續維持現狀吧，不過要是你實踐本書的內容提升了「察覺力」，即使在忙得暈頭轉向的時候也能夠「察覺」。

那麼，當你在這種忙碌的狀態下，察覺到危機的預兆而覺得「奇怪？好像不太對勁」，或是察覺生意興隆的點子而覺得「這個很有意思，真想試試看」時，每次你都能優先處理這件事嗎？大多沒辦法吧。

這也是「察覺了卻沒辦法實行」的原因之一。店長很忙的。

這種時候能夠幫助店長的，就是「事先訂定可在瞬間決定優先順序的規則」。舉例來說，以下是我的優先順序設定標準。

① **顧客的安全與安心**
② **店員的安全與安心**
③ **店鋪的利潤**

即便例行公事的期限迫在眼前，依舊要根據這個規則，決定新「察覺」是要「馬上做還是之後再做」。只要沒搞錯順序，即使事後得吃很大的苦頭，也用不著收拾善後。

請你也要事先訂出，「察覺的優先順序設定標準」喔！

❻ 培養「得力助手」——栽培可以信賴的下屬，能提升運用「察覺力」的能力

「店長！外場的○○推薦新商品的技巧已經進步很多了。麻煩您找個機會稱讚他。」

你有得力助手嗎？

假如身邊有隨時都能勝任店長一職的得力助手，店長也會輕鬆許多，但現實中大多數的店長應該都無法如願以償。我擔任店長時，也不斷上演「辛苦培養出來的得力助手被調走，之後公司派來取而代之的新人，但好不容易培養成可用之才時又被調走」的情況。

於是我想到一個辦法：培養地位相當於第二級正職人員的計時組長。尤其兼職主婦的流動率也不高，所以我就將她們培養到足以負責各天、各個時段的店務。我對這類優秀店員的要求，不只是營運店鋪而已，還要細心支援其他的店員。

店鋪是由店員與店長組成的團隊經營運作的。

但是，有些年輕店長只想靠自己，或是只靠自己與正職人員營運店鋪。只因為地位不同，就不運用兼職人員與工讀生。這實在是很浪費的行為。

因為，儘管地位不同，「能力」卻並無差異。而且，跟正職人員相比，他們大多在店裡工作更長的時間，或者就住在附近，所以對顧客與商圈的瞭解要比正職人員更加深入且詳細。

將如此可靠的店員培養成得力助手，就可以請他們充當你的眼睛，觀察在你無法完全掌握的店內各個角落所發生的瑣碎小事。我在第4章提到，要請周遭指出你自身的問題，培養得力助手就是應用了這個做法。

如此一來，你就能增加許多「察覺」。除此之外，「想做的事」也會變多。但是不要緊。只要把店員變成你的得力助手，你就擁有許多分身。

也就是說，你能夠處理「雖然察覺了，卻沒辦法馬上做的事」。這就是「懂得運用察覺的生意興隆店店長的團隊培育力」。

⑦「聆聽店員的真心話」——鼓起勇氣接受不滿與煩惱

「店長……做完這個月我就要辭職……。」

某天，店員突然表明要辭職……店長一定很震驚吧。

可是，請店長仔細想一想。這件事真的很「突然」嗎？店員是不是之前就發出求救訊號呢？店長是不是視若無睹，裝作沒察覺呢？

其實，「視若無睹」也是「察覺了卻不敢行動」的其中一種類型。

店員可能會辭職的氛圍，大部分的店長應該都能隱約感覺到才對。但是，他們擔心一旦觸及這件事，店員可能會直接辭職，所以才裝作不知情、沒察覺到的樣子。

可是，事實卻正好相反!!

就是因為當時店長沒有聆聽店員的心聲，店員才會辭職。假如當時店長願意聆聽對方的心聲，有八成的店員會打消辭職的念頭。

「喂！你怎麼了！表情有點憂鬱耶！看你一副有話想說的樣子，想說什麼儘管說出來吧！」

我擔任店長時，好幾次都是因為說不出這句話，而失去優秀的店員。

雖然察覺到店員「有話想說的樣子」，我卻裝作沒察覺，想拖時間矇混過去。可是，時間沒辦法解決問題。於是某天，那名店員就「突然」辭職了。

之後我深刻反省，只要發覺店員好像不太對勁，就會主動這樣詢問對方。

就算是狀況看起來非常好的店員，內心也是有各種煩惱的。感到不對勁時就聽聽對方的心聲，也就是說，一旦察覺就先聆聽。大部分的問題，只要這麼做就能解決。這個辦法要比「裝作沒察覺」輕鬆多了，對吧？

❽ 停止要求「反省」——「反省」是說謊的開始

「對不起，我在反省了……。」

你是否曾責罵下屬「給我反省！」，而且看到下屬乖乖回答「對不起。今後我會謹慎行動，不會再發生這樣的情況。我在反省了」就放心了呢？我見過許多要求下屬講些反省的話，聽到對方反省就放心的領導者。但是，我沒見過靠這種方式解決問題的成功案例。

其實，「反省」是「察覺了卻不行動」的原因之一。

不，更正確地說，「光聽反省的話就放心，跟察覺了卻不行動是一樣的意思」。

本來應該先藉由「反省」讓對方「分析原因」，根據獲得的「察覺」訂定「對策」與「行動」，再透過行動證明已經「改善」，這時才能夠放心。這才算是「運用察覺」。

但是不知為何，多數的領導者在一開始的「反省」階段就放下心來，並未繼續監督之後的「行動」。

我認為造成這種現象的原因，在於「『反省』這種順從態度的魔力」。

要是對方已經深刻反省，自己卻仍繼續追究的話，會被視為不信任他人的傢伙，大多數的人不想被貼上這種標籤，才會在這種時候忍不住放鬆態度不嚴格追究。

可是，這其實是一個很大的陷阱……這時就放心的話，之後仍會再次發生意外或失誤。

如果真的為了對方著想、為了顧客著想，應該要徹底追究，並且追蹤對方的改善行動，直到能夠證明確實改善了為止。

「對不起。我在反省了……。」

要是下屬說出反省的話，上司就要接著說：

「哎呀，我不是要聽你反省，請告訴我，你打算採取什麼對策，以避免重蹈覆轍。」

上司要仔細聆聽下屬對於改善行動的想法，而且要持續追蹤直到改善完畢為止。

這才是「將察覺運用在行動上」。

❾思考「怎麼做才能辦到」——從「問題」進化到「解決辦法」

「對不起。我沒做到。這件事果真太困難了。實在沒辦法。」

關於「好不容易察覺卻不敢行動的原因」，最後要介紹的是「受制於辦不到的原因」，這個有點丟臉的壞毛病。

相信你在會議之類的場合上，也會聽到「問題是這個」、「課題是這個」、「原因是這個」之類的報告。這代表察覺問題的原因了。既然如此，接下來就要執行「改善」、「對策」等行動對吧？

不過，這個時候也有非常高的機率會聽到「辦不到的原因」。下屬或負責人因為「沒做到」而解釋原因，或許是再正常不過的事。

這時店長不該接受「辦不到的原因」而就此作罷，應該要求對方思考「辦得到的條件」，這是店長必須負起的責任。

至於做法非常簡單。

(1) 先聽完下屬的「辦不到的理由」

(2) 然後，呼吸一口氣再這麼說：

「我明白這件事很困難。那麼，麻煩你思考一下，下回要怎麼做才辦得到呢？要達成什麼條件才辦得到呢？只要分解辦不到的原因，或是改變條件，應該就能察覺辦得到的可能性。」

你自己也一樣。

不只下屬，相信你自己有時也會思索「不做的理由」、「辦不到的理由」，然後就這樣放棄了。我也不是不瞭解這種心情，但好不容易察覺，卻什麼也不做就直接放棄，你不覺得很可惜嗎？

這個世上也有許多不懂得察覺的店長。只要你獲得「察覺」，找出「辦得到的方法」並且展開行動，你的店一定能成為更棒的店。

去發掘「辦得到的方法」吧！然後，打造出最棒的店吧！

結語

因新冠病毒肆虐，政府推廣「戴口罩」、「保持社交距離」、「待在家裡」……。

「戴口罩」讓人難以感受到你的笑容與活力。

「保持社交距離」讓你與店員、顧客的距離感變遠了。

「待在家裡」導致上門光顧的客人變少了。

請問，今後你也有辦法一直維持疫情期間的做法嗎？

究竟這麼做，能夠讓店員與顧客獲得**「舒適的實體店體驗」**嗎？能夠讓他們覺得「還想再來這家店」、「想在這家店工作」嗎？

顧客期待的是「你的細心推薦」。

顧客想要的是「你的活力」。

某位店員期待的是「你能注意到他的變化」。

另一位店員想要的是「你願意聆聽他的感受」。

「不可改變的東西」，或許還需要一些時間才能夠「用不著改變」。不過，「不可改變的東西」一定會恢復原狀。

你為了這一天所培養的「察覺力」，一定可以派上用場。

此外，只要你充分發揮「察覺力」，必定可以重返那段「光明快樂的日子」！

期盼有朝一日，能在店裡遇見朝著這個目標努力的你。

願你能夠奮鬥到底！加油!!

後記

「站在對方的立場，不只能察覺到差異，還能察覺差異的真正意義。」

非常感謝你看完本書。

請問，看完這本書後，你是否察覺了我在「前言」所說的「有助於提升業績的四個原因」呢？

當你察覺這四個原因，並且付諸實行時，便能成為「具備察覺力的生意興隆店店長」。想必到時候，你就能以生意興隆店的店長或經理的身分，向後輩或下屬傳授提高與運用「察覺力」的方法吧。

「察覺力」的本質，在於「以對方為中心思考」。

因為就算察覺到了，假如「以自我為中心」運用獲得的察覺，依舊不會成功的。要運用獲得的察覺，就得站在顧客或店員的立場去思考，這點很重要。

※關於「以對方為中心」這點，拙作《「不輸給競爭店家的店長」具備的簡單習慣》（暫譯，同文館出版）中有詳細說明，請一定要搭配閱讀。

店長的工作非常多，總是非常忙碌。

每天被眼前的工作追著跑，還被突如其來的麻煩搞得暈頭轉向。

這樣的店長並未察覺「生意興隆的店，顧客蜂擁而至的真正原因」，以及「生意清淡的店，店員很快就辭職的真正原因」。但是，只要察覺原因並善加運用，無論何種店都能生意興隆，無論何種店的店員都能工作得很快樂。（不過，「無論何種店」這個說法有點誇張就是了……。）

那麼，這種店長之所以沒察覺「生意興隆的機會或生意清淡的威脅」，是因為「沒有餘力做這種事」嗎？

不，並非如此！

其實是因為，他們並未積極行動，主動去察覺「生意興隆的機會或生意清淡的威脅」的「徵兆」！「機會與威脅的徵兆」其實就在你眼前。

只要主動去「察覺」的話，就能注意到比現在更多的「機會與威脅的徵兆」，並且成為「懂得運用察覺的生意興隆店店長」。

我本身也不是打從菜鳥店長時期，就已經是個「懂得察覺的生意興隆店店長」。

說來慚愧，沒察覺眼前的機會或威脅的徵兆、眼睜睜讓大魚溜走、失去重要的得力助手、給公司造成嚴重損失的經驗，我不只有過一、兩次。

不過，值得慶幸的是，我的身邊有許多比我還要優秀、厲害、傑出、了不起的店長、督導與上司。我從他們身上學到許多「對店長而言很重要的事」。當中最重要的，就是「察覺力」與「運用察覺的能力」。

目前我從事的是，「幫助店長進步成長，使業績蒸蒸日上」的工作。

我的人生志業，就是讓更多的店長覺得「店長這份工作超級快樂！」，繼而提升公司的業績，最後對這個社會有所貢獻。

我便是抱著這個想法撰寫這本書。倘若本書對於提升你的「察覺力」有任何一點幫助，對我而言是無比幸福的事。

謝謝你對本書的支持。

最後，由衷感謝參加本公司「店長導航培訓課程」的店長們，為本書提供許多案例，也要感謝採用「店長導航培訓課程」的EASTONE股份有限公司大山泰正總經理、大山敏行專務，以及Beauty Shop Azami有限公司的鈴田茂喜總經理。多虧了日益精進的EASTONE與ARIREINA的諸位店長，這本書才能更具真實性。謝謝你們。

此外，我還要感謝同文館出版公司的古市達彥總編輯，打從這項企劃拍板定案之後，就非常有耐心地等我的原稿，等了大約一年的時間。真的非常謝謝你。

■業務洽詢

有關「店長導航培訓課程」、「打造店員不會辭職的店培訓課程」以及演講、講座、寫作等委託，請洽本公司聯絡窗口。

■電子信箱

info@peopleandplace.jp

■官方網站

http://www.tenchonavi.com/

http://www.peopleandplace.jp/

二〇二〇年五月

PEOPLE&PLACE　松下雅憲

【作者簡歷】

松下雅憲（Masanori Matsushita）

1958年3月出生於大阪。1980年進入日本麥當勞（股），25年來從事門市營運與展店策略相關工作。2005年4月，進入新宿勝博殿的母公司Green House Foods（股）擔任執行董事，引進運用區域行銷的店長培育制度，幫助公司谷底翻身轉虧為盈。2012年4月，成立PEOPLE&PLACE（股）並就任代表董事。目前憑著30年的現場經驗與資歷，開辦「店長導航培訓課程」與「打造店員不會辭職的店培訓課程」傳授獨門Know-How，並且提供顧問諮詢服務，幫助許多店長進步成長。

著作有《「不輸給競爭店家的店長」具備的簡單習慣》、《讓人想繼續共事的店長具備的簡單習慣》、《店長必學：如何打造「店員不會辭職的店」》（以上皆為暫譯，同文舘出版）等等。

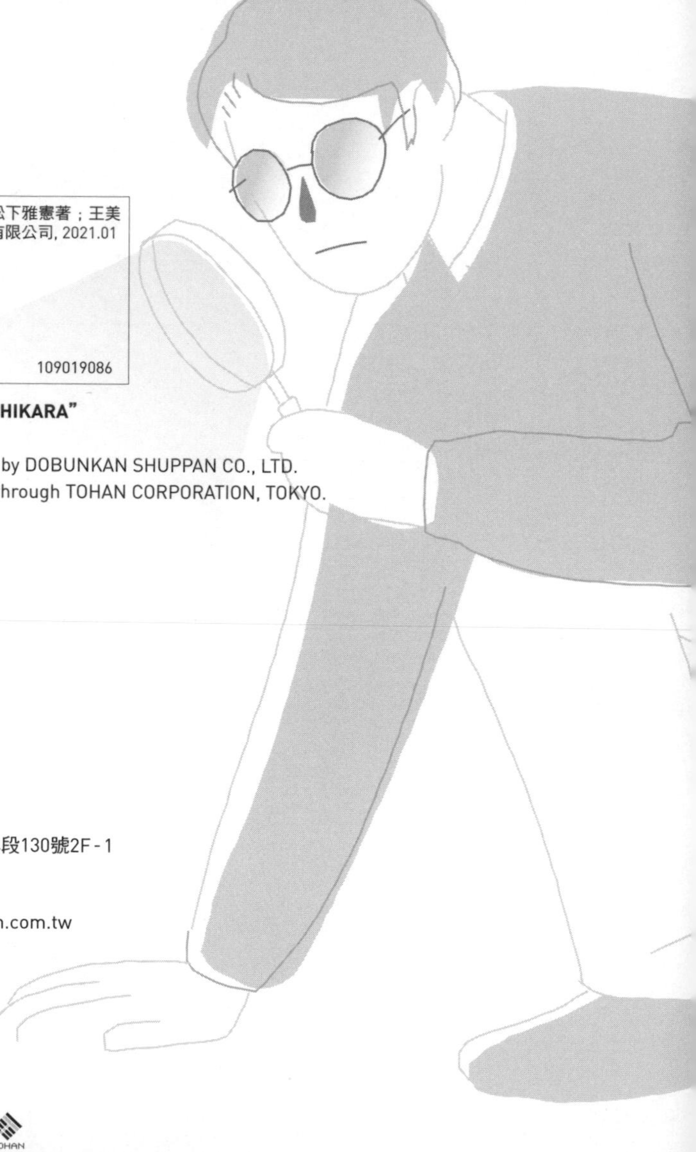

國家圖書館出版品預行編目（CIP）資料

「察覺力」：生意興隆店家的不敗祕密!/松下雅憲著；王美娟譯. -- 初版. -- 臺北市：臺灣東販股份有限公司, 2021.01
208面； 14.7×21公分
譯自：繁盛店店長の「気づく力」
ISBN 978-986-511-552-4(平裝)

1.商店管理 2.銷售 3.顧客關係管理

498　　109019086

HANJOTEN TENCHO NO "KIZUKU CHIKARA"

©MASANORI MATSUSHITA 2020
Originally published in Japan in 2020 by DOBUNKAN SHUPPAN CO., LTD.
Chinese translation rights arranged through TOHAN CORPORATION, TOKYO.

察覺力

生意興隆店家的不敗祕密！

2021年1月1日初版第一刷發行

作　　者　松下雅憲
譯　　者　王美娟
編　　輯　吳元晴
特約美編　鄭佳容
發 行 人　南部裕
發 行 所　台灣東販股份有限公司
　　　　　＜地址＞台北市南京東路4段130號2F-1
　　　　　＜電話＞(02)2577-8878
　　　　　＜傳真＞(02)2577-8896
　　　　　＜網址＞http://www.tohan.com.tw
郵撥帳號　1405049-4
法律顧問　蕭雄淋律師
總 經 銷　聯合發行股份有限公司
　　　　　＜電話＞(02)2917-8022

著作權所有，禁止轉載。
購買本書者，如遇缺頁或裝訂錯誤，
請寄回調換（海外地區除外）。
Printed in Taiwan.